奇妙飞行

100问

[法] 冯克礼（Christian Fardel） 曾海云 著

浙江大学出版社
ZHEJIANG UNIVERSITY PRESS

自序一

　　约六年前，我从杭州萧山国际机场乘机到北京首都国际机场，那是我人生中第一次乘坐飞机。记得旅行前我上网一遍又一遍地查如何去机场，如何乘坐机场大巴，如何乘坐飞机……可还是闹了好些笑话。直到到达机场我才弄清楚，原来机票和登机牌不是一回事，我一直以为登机牌会是一种特殊设计的"牌子"，所以在拿到登机牌以后，我误认为这是机票，于是到处找可以去领取登机牌的地方。过安检的时候，我被要求把电脑拿出来，可是检查完以后我就径直走了——我以为他们会把电脑送到航班上。在我到达登机口后发现有地勤人员为了给我送回电脑，开着巡逻车四处寻找我。第一次坐飞机，我很想看看书本里、电视上出现的那些美丽的云层，可是我不知道可以自己在网上值机选座位，也不知道可以跟柜台工作人员要求选择靠窗的座位，只是被动地接受机舱中间的位置安排，所以只能"远远地"看着飞机窗户……如果有这么一本书可以指导第一次乘机的乘客，那么通往乘机的路上会减少很多焦虑、紧张和错误的行为，也可能会让第一次乘机留下更美好的回忆。

随着我慢慢走出校园、进入社会，出差、旅行的机会越来越多，乘飞机出行也越来越频繁，我在机场度过了很多特别的时光。我喜欢机场那忙忙碌碌的节奏，我爱观察那来来往往、行色匆匆的人们，我相信不管是出发还是到达，他们都有各自的目标，都有一个值得期待的目的地。

2017年的春天，我遇到了Mr. Fardel——冯克礼先生，他跟我说起他当了30多年飞行员的经历，也跟我提及他打算在中国出版一本乘机指南的想法。我爱坐飞机、享受坐飞机，对航空飞行也很感兴趣。在那个时候，乘客在乘机时接二连三地发生各种乌龙事件，国际上有一些航空公司机组人员殴打并拖拽老人下飞机，乘客将婴儿车带上飞机后遭空乘人员粗暴对待，飞机起飞前上厕所被工作人员强行带下飞机，而在国内①也屡次发生老太太往发动机里扔硬币许愿、家长掩护孩子逃票、旅客误放救生滑梯、误机打人等事件。针对这些情况，我们认为写一些关于飞行的常识和坐飞机的指南就显得尤为必要，于是，我们在出一本适合中国人的航空旅行指南的想法上一拍即合。

冯克礼先生有着丰富的航空技术知识及飞机驾驶和培训飞行员的经验，而我则有比较丰富的乘飞机经验，而且常常很"幸运"

---

① 本书中所指的国内，如无特别注释，均为中国国内。

地遇到一些突发情况，比如航班取消、行李延误、乘坐的飞机在飞行时起落架无法收起……所以我就航空旅行中出现的一些问题与冯克礼先生进行了讨论。书中共选取了100个问题，当然实际在乘机旅行中不会只有这100个问题，如果您有更多的问题，也欢迎与我们探讨！

目前网络发达，很多疑虑在网络上都能得到很好的解答。但是书籍更有系统性，在阅读中还是不可缺少的。另外，市场上也不乏生动有趣的关于航空飞行的知识，在编写的过程中，我也参看了詹东新编著的《享受飞行——民航乘客必备知识手册》、李永平著的《坐飞机的学问》、秋本俊二著的《不可忽视的航空旅行知识》……但是本书不仅涉及航空飞行的各种技术性知识、民航必备知识，还谈及航空飞行的历史、与之相关的人员和工作，更包括个人乘机的体验与经验，很多问题也结合了当下比较热门的新闻事件来加以分析。希望让大家在获悉与乘机相关的新闻时能够更理性地看待问题，另外，如果本书能为大家的乘机过程提供一些指导，让诸位少走一些弯路、多一些捷径，将是我们非常乐意看到的。

在编写这部书的过程中，受到了很多朋友的帮助，感谢飞行员王喆先生对本书在技术层面上的书写给予指导，感谢我亲爱的朋友们对本书所提出的意见和建议。

最后，因航空飞行非本人专业，而商业航空的各种规则又在时时动态变化，故在编写此书的过程中难免会有错误和遗漏，若有不足之处，望读者批评指正，以便修订。

曾海云

2019 年 9 月 24 日

自序二

感谢您选择"享受空中飞行号"航班。

请系上安全带！

我从事民用飞行和飞行指导的工作已经有 30 多年了。在我担任驻加勒比海的圣巴西尔米的一家航空公司主管期间，我了解到，乘客对商业航空工业的运作知之甚少，而这常常会让他们经历一些不必要的困扰。对于中国人来说，随着人们生活水平的提高，坐飞机不再是一种奢侈的出行方式，越来越多的人选择了空中旅行，但是也还有不少人从未坐过飞机。对于那些即将第一次乘坐飞机的人来说，他们可能对怎么坐飞机还有各种各样的疑虑，而那些经常坐飞机的人也可能会遇到一些小"事故"。假如你和机场地勤人员发生了冲突，你的态度对飞机出行造成了一定隐患，机场工作人员得确保你对其他乘客不构成威胁。你扬言不再乘坐该航空公司的飞机了，可是似乎也没人在乎。这些是航空公司的新规定。

现在乘飞机旅行已经变得日益复杂化，不久以前我们所称的"航空"已经发生了变化。

乘客因误解而失控的事件频频发生，因为目前仍有很多乘客觉得坐飞机就跟坐火车一样简单——最后一分钟抵达机场，过安检上飞机然后就能出发了！可事实并不是这样。

只要你知道飞行是怎么一回事，你的飞行过程也可以成为你难忘旅行中的一部分。

航空专家和工程师可能会觉得这本书涉及的内容很基础，可能也不够完整，但对我来说，写一些容易理解的东西是很重要的，相信这对于年轻的旅行者来说也更为受用。

我希望你在读完这本书后，旅行时会感到更自在，并且更加认同坐飞机是最舒适、最安全的交通方式。对我来说，坐飞机是一种快乐。对你来说，这也可能会变成一种快乐。

这本书将教会你如何享受你的空中旅行，从选择目的地开始，到查看航班，以较便宜的价格买机票、选座位、舒适地出行等。

由于现代社会信息通信的发达，关于不良乘机习惯甚至违法行为等新闻层出不穷，我们也希望通过这本书告诉你一些基本的乘机礼仪，不论在哪里，都能成为一名文明的乘客。

另外，如果你是一个正在寻找一份有意思的工作的年轻人，我也希望这本书能给你一些指导。

现在，请你坐好，放轻松点，我们的行程要开始了。

机长　冯克礼（Christian Fardel）

2019年9月19日

目录

第三章 飞行安全

第四章 准备行程

第五章　飞行进行时

第一章
飞行的历史

○ 1 航空飞行的神话和传说有哪些?

在中国,不管是在古代文献还是民间传说中,都有关于"嫦娥奔月"的故事。据说在远古时候,一个叫嫦娥的人因为吃了"长生不老药",变得身轻如燕,飘出窗口,直上云霄,最终"飞"到了月亮上。可以说,嫦娥奔月是中国人关于飞行的比较早的一种梦想或者说是试探性的期盼吧。而在很多中国古代的神话中,许多神仙不需要借助任何工具,可以直接御空飞行。

除此之外,两千多年前的一部古书《山海经》,其中记载着这样一个故事:从前,远方有个奇肱国,那个国家的人会猎取飞禽,还会造飞车,人坐着飞车就可以随着风飞到遥远的地方去。商汤时期,刮了一次西风,刮来了奇肱国的人和飞车;隔了十年,有一次刮东风,又把人和飞车刮回去了。在这个故事里，人们不再把飞行的希望寄托于奇幻的药物和天上的神仙，他们想靠自己的双手，制造出一种器械来乘风飞行。

在古希腊时期，有一个人叫伊卡洛斯，他和他的父亲代达罗斯成了克里特国王米诺斯的"囚徒"，为了逃脱孤岛，他们用大大小小的羽毛和蜡做成了鸟翼。他的父亲成功降落在一个海岛上，可伊卡洛斯却因飞得太高、离太阳太近，双翼上的蜡融化了，于是跌落水中丧生了。这是西方人关于飞向天空的最早的神话故事之一。

○ 2 人类最早的飞行器是什么？

在前航空时代，世界不同地区的墓地或宫殿都有一些关于飞行的物体或文件。在这个研究阶段，我们不能证明它们就是飞行器。但是，我们决定谈论这个问题，因为它们引出了很多关于人类开始飞行的问题（有的至今还没有被回答）。

在古代文物中发现的物体，有些可以追溯到一千年前，考古学家对它们的起源或作用各执一词，但可以肯定的是，它们与现代飞行器都具有某种相似之处。比如：

在埃及发现的一架类似飞机的木制模型，南美洲的飞机形状的黄金"吊坠"，墨西哥的一块石头上刻的一种看起来像一艘航天器的东西。

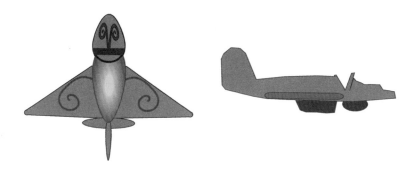

在埃及发现的一架类似飞机的模型

我在博物馆看到过"飞行器"。博物馆里陈列的这些东西不会被误当作是鸟，因为它们有一个垂直的"尾巴"，就像在飞机上发现的一样。自然界并没有这样的东西。我在墨西哥的帕伦克看到的石刻与在 20 世纪 60 年代早期发射火箭探索太空的太空舱很相似。

中国的古书《韩非子》中记载，"墨子为木鸢，三年而成，蜚（飞）一日而败（坏）"，说的是墨子曾经带领弟子专心研究飞行原理，花了三年的时间，制成了一只会飞的木鹰。如果成功的话，那就是一架用木或竹制成的鸟形飞行器了。可惜据说这只木鹰只飞了一天就坏了。

但是也有一种说法是春秋时期的鲁班制作了"木鸢"。可是不管那只木鸟是墨子造的还是鲁班造的，它飞一日也好，飞半日也好，总之，不能否定的是：2400多年以前，中国出现了第一架"飞行器"。

又有古书记载："五代李郑于宫中作纸鸢，引线乘风为戏，后于鸢首以竹为笛，使风入竹，声如筝鸣，故名风筝。"从中可知，不能发出声音的叫"纸鸢"，能发出声音的叫"风筝"。

还有一种说法认为，风筝的发明年代在南北朝时期，即羊车儿之说。《资治通鉴》里是这样描述的："高州刺史李迁仕、天门太守樊文皎，将援兵万余人至城下。台城与援军信命久绝。有羊车儿献策，作纸鸱系以长绳，写敕于内，放以从风，冀达众军，题云：'得鸱送援军，赏银百两。'太子自出太极殿前乘西北风纵之。贼怪之，以为厌胜，射而下之。"

可见，古代风筝除了曾在军事上作侦察工具外，还有过载人的历史记载。

中国古代用风筝做成的飞行器

再让我们看看西方世界有什么样的设计。

在15世纪，列奥纳多·达·芬奇设计了飞行器。他的设计有极好的理念，可是所用材料的重量和飞行动力的缺乏使得该飞行器无法飞行。

达·芬奇设计的飞行器

1783年，在巴黎，孟戈菲兄弟用纸造了载人的热气球。

孟戈菲兄弟设计的载人热气球

19 世纪，奥托·李林塔尔发明了滑翔机。虽然滑翔机只能飞行一小段距离，可是他将空气动力学运用其中并推动了后来飞机的发展。

奥托·李林塔尔的滑翔机

○ 3　第一架飞机是什么时候起飞的？

说完了飞机的前身，你们可能想知道第一架真正能够起飞的飞机出现在什么时候。

　　1903 年，莱特兄弟制造了一些动力滑翔机。尽管很多人认为有别的飞行器的发明先于莱特兄弟，但这还是被看作人类第一次正式的飞行。而我们能够确定的是，从那时起，航空时代就开始了。

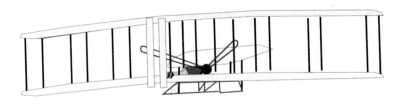

莱特兄弟的动力滑翔机

　　继莱特兄弟之后，许多欧洲国家都陆续有了自己的飞机建造者。当然，在亚洲，中国和日本也开始制造飞机。1911 年，中国就有了能自行设计飞机的飞机制造厂。

　　在此之前，1909 年 9 月 21 日，中国人的第一架飞机由冯如制造并驾驶，在美国的奥克兰市郊区试飞成功。然而不幸的是，他在 1912 年驾驶一架新飞机时身亡了。

　　另外一位值得一提的中国人是王助。1916 年，他成为波音公司第一任航空工程师，为其制造出第一架飞机；1918 年，他在福州船政局与巴玉藻等人一起设计出了中国第一架水上飞机。

冯如制造的飞机

○ 4　世界上第一条定期商业航线是什么时候开始运营的?

　　第一次世界大战期间，航空技术在欧洲发展得最快，但是主要用在战争领域。然而放眼北美大陆，第一条定期航班已悄然诞生。1914 年 1 月 1 日，美国佛罗里达州的坦帕与圣彼得斯堡之间的空中航线开航，圣彼得斯堡—坦帕飞船航空公司成为世界上第一家民航公司。

　　据记载，在 1913 年，从圣彼得斯堡到坦帕乘火车需要 4 ~ 12 个小时，坐轮船要 2 个小时，而这一次跨越海湾的飞行仅花了 23 分钟。当飞机降落在坦帕市附近的希尔斯堡河入口，所有人都沸腾了，在他们的激动欢呼中，商业航运的生意轰轰烈烈地拉开了序幕。

　　在当时的条件下，乘客和驾驶员并排坐在敞开式的座舱内，起飞和着水时，人们浑身可能都会被溅满水珠，但是据记载，一次事故也没发生过。然而到 4 月份，这一航班因经费问题导致停业。可是如某些评论所言："圣彼得斯堡—坦帕航线在世界航空运输史上，虽犹如短暂的黎明，但却揭开了雄壮的序幕。"

世界上第一个定期航班

○ 5 飞机和航空运输发展的历史是怎样的?

在前一个问题上，我们谈到了航空技术在欧洲发展得最快。当时欧洲各国正在为战争做准备，而飞机的出现，改变了战争的历史。在第一次世界大战期间，各国在发展飞行技术方面投入了大量的精力，这些飞机也成为非常有效的战争武器。许多公司开始在战争国家建造飞机，比如说法国、德国、英国、意大利、美国、苏联和日本等。这些公司中有一些至今仍然存在。

在第一次世界大战结束时，为了把信件和乘客送到遥远的目的地，第一批航空公司诞生了。战后，许多国家开始把军用飞机改装为民用飞机，民用航空迎来了特别的发展期。

1918 年，法国邮政航空公司（Aéropostale）开通了从法国到南美的航线，可以一直飞到智利。值得一提的是，这条航线的飞行员中也有作家，圣·埃克苏佩里就是其中最著名的一位，他以中篇小说《小王子》闻名世界。

按照时间顺序，还出现了以下比较有名的航空公司：

1919 年，荷兰皇家航空（荷兰）和阿维卡航空（哥伦比亚）。

1923 年，俄罗斯航空（俄罗斯）、芬兰航空（芬兰）、捷克航空（捷克）。

1924 年，塔吉克航空（塔吉克斯坦）。

1926 年，东方航空（美国）、美国联合航空（美国）。

1927 年，伊比利亚航空（西班牙），塞尔维亚航空（塞尔维亚），Varig 航空（巴西），泛美航空（美国）。

1929 年，CNAC 航空（中国），夏威夷航空（美国），LOT 航空（波兰），LAN 航空（智利），Aeropostal 航空（委内瑞拉）。

1933 年，法国航空（法国）。

1936 年，加拿大航空（加拿大），Aer Lingus 航空（爱尔兰）。

1941 年，SATA 航空（葡萄牙的亚速尔群岛）。

长途飞行需要体积更大、更坚固的飞机和更强大的引擎。以前由木头和织物制成的飞机现在主要由金属制成，大部分是铝合金。

由于在远东和太平洋地区没有机场，大型水上飞机的设计和服务在 1933 至 1938 年间出现，如波音 314 "Clipper"，肖特 "Empire"， Latécoère 631 等。

法国 Latécoère 631 飞机

第二次世界大战见证了喷气式发动机的大发展。比如说，德国和日本出现了双喷气式战斗机。随着二战的结束，这项技术被转用到民用飞机上。

接下来我们谈一谈民用航空业的发展。

新飞机的飞行速度和大小改变了航空公司和社会发展，人们开始负担得起空中旅行了。战争一结束，航空

公司就用更大的螺旋桨驱动更大型的飞机，比如 DC-6
（有 48 ~ 64 个席位）和超级星座（有 104 个席位）来
横跨大西洋。20 世纪 50 年代，第一个商用飞机涡轮喷
气引擎出现了。

德·哈维兰的"彗星"于 1949 年首飞，并于 1952
年投入运营。1958 年，波音 707 和法国卡拉维尔正式投
入服务，而同期，美国的麦克唐纳飞机公司推出 DC-8
来与波音 707 竞争。

法国卡拉维尔（Caravelle）

20 世纪 70 年代，另一个革命发生了：尽管在 1975
年，苏联的 TU 144 超音速飞机开始投入服务，法国和
英国开始了 3 个小时跨越大西洋的航线，但波音公司的
大型喷气式客机波音 747（Boeing 747），已经可以携带
600 名乘客，而其他飞机的载客量则被限制在 200 名以
内。其他制造商也为他们的大型客机提供服务：1971 年
的麦克唐纳 – 道格拉斯 DC-10 的最大载客量为 380 人；

1972 年的洛克希德三星（Lockheed Tristar）L1011 的最
大载客量为 400 人。

美国麦克唐纳 – 道格拉斯 DC–10

美国波音 747（Boeing 747）

1950 年 7 月 31 日 17 时 30 分，"北京"号在首
都国际机场执行了新中国民航的第一个航班（康维尔
240，简称 CV–240）。

20 世纪 70 年代，中国设计了自己的 Y–10 飞机，
这是中国首次研制出的大型喷气式客机，于 1980 年 9
月 26 日第一次飞行。

中国的空客 Y-10

2007 年，最大的豪华航空飞机——空客 A380（Airbus A380）投入使用，它最多可承载 800 名乘客。这些大型飞机的到来为大众运输开辟了道路，从而降低了航空旅行的票价，促进了航空旅行的发展。

阿联酋航空双层空客 A380

2017 年对中国来说是重要的一年，中国商用飞机有限责任公司（简称中国商飞）在上海建造了第一架现代大型飞机 C919。C919 飞机从外形到内部布局，都由中国自行设计完成，它的研制历经 7 年，也是中国按照国际民航规章自行研制、具有自主知识产权的大型喷气式民用飞机。

中国商飞 C919

第二章
飞行技术揭秘

6 飞机的结构是怎样的?

我们仰望天空时，不时会看到飞机从空中飞过。虽然天上的飞机看起来只有那么小小的一点，但我们都知道其实飞机很庞大。那么这么大、这么笨重的飞机怎么能飞上天空呢？它的结构是什么样的呢？

到目前为止，除了少数特殊形式的飞机外，大多数飞机都由机翼、机身、尾翼、起落装置和动力装置5个主要部分组成，根据飞机操作和执行任务的需要，还装有各种仪表、通信设备、领航设备、安全设备等。

首先，我们来说说制造飞机的材料。

最开始，飞机是由木头和布料制成的，制造者们利用一种叫作层压的技术，用黏合在一起的薄木片来制作坚固的"骨架"，很轻，也比较结实。后来，随着技术的发展，制造者们用铝合金材料取代了之前的木头和布料。现在，世界上最先进的飞机，普遍都在用纤维材料和塑料等制成的"复合材料"取代金属，因为其不仅轻便，且易于施工，更降低了生产和维护的成本。

其次，让我们来谈谈飞机的结构。

用一种通俗的说法来解释飞机的结构的话，机翼是翅膀，机身是躯干，尾翼是尾巴，起落架是飞机的腿，发动机则是飞机的心脏。①

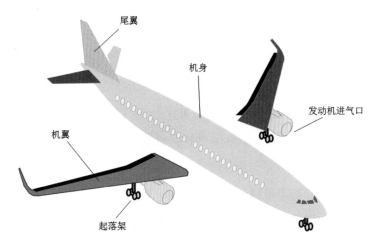

飞机结构图

机翼的主要功用是产生升力，用以支持飞机在空中

---

① 李永平. 坐飞机的学问 [M]. 北京：国防工业出版社，2014：8-22.

飞行，同时也能起到一定的稳定和操作作用。机翼上一般安装有副翼和襟翼，操纵副翼可使飞机滚转，放下襟翼可使升力增大。机翼上还可安装发动机、起落架和油箱等。不同用途的飞机，其机翼形状、大小也各有不同。

机身的主要功用是装载乘员、旅客、武器、货物和各种设备，同时还能起到连接飞机其他部分的作用。具体来说，机身的前部是驾驶舱，中部与机翼相连，尾部连着尾翼，起落架在机身下面。为了减少在空中所受的阻力，机身一般都被设计成长筒形。

尾翼包括水平尾翼和垂直尾翼。水平尾翼由固定的水平安定面和可动的升降舵组成，也有一些高速飞机将水平安定面和升降舵合为一体，成为全动平尾。垂直尾翼包括固定的垂直安定面和可动的方向舵。尾翼的作用是操纵飞机俯仰和偏转，保证飞机的平稳飞行。

飞机的起落架大多由减震支柱和机轮组成，飞机在离开地面时需要在地面起动、加速，因此必须安装轮子，而在落地时则需要用轮子来刹车、滑行。当然了，飞机在空中时，这套装置就没什么用了。

最后，让我们详细地说一说发动机。

目前商业航空中使用的"动力装置"有三种。

（1）活塞发动机

活塞发动机也叫往复式发动机，是最古老的技术，与汽车发动机的原理相同。汽油发动机（使用航空汽油、高度精炼航空级汽油）能够发动一个或者多个螺旋桨，活塞在汽缸里的运动压缩了汽油和空气的混合物，当混合物被点燃后，热气膨胀，推动活塞向后运动。

使用活塞发动机的飞机，速度相当慢，穿越大西洋需要多达 20 个小时。但因为这种飞机坚固耐用、易于维护、操作成本低，时至今日，它仍然被应用于短途飞行。

运用活塞发动机的德国道尼尔（Dornier）28

（2）涡轮螺旋桨发动机

这种技术在往复式发动机中起了很大的作用。涡轮压缩空气进入燃烧室，在那里注入煤油燃料，并点燃混合燃料。气体膨胀并驱动一个与螺旋桨相连的第二轮涡轮机，螺旋桨旋转时所产生的推进力使飞机向前飞行。这种技术的缺陷是，在 1.5 万英尺（4572 米）以上的高空中，螺旋桨将失去效力。不过，螺旋桨在低空飞行时所提供的能量，使其能够在短跑道上发挥最大的性能，因而涡轮螺旋桨飞机常常用于山上、炎热的国家或是短距离的飞行。

涡轮螺旋桨发动机

（3）喷气发动机

这是涡轮螺旋桨的进化。其基本原理是：空气被风扇吸入后压缩，燃料和氧化剂在燃烧室内起化学反应而释放热能，靠喷管高速喷出的气流直接产生反作用推力，推动飞机向前飞行。

该系统让飞机能在更高的高空上飞行，也有助于飞机在天气系统上空飞行，如在暴风雨情况下，在其天气系统上空飞行会更平稳，能让乘客感到更安心。现在飞机通常的巡航高度约为 3 万英尺（约合 9144 米），在这个高度我们可以得到速度、燃料效率和性能的最佳组合。其实，现在的飞机都拥有多个发动机，如果其中一具引擎失效，或是机身的某个部分掉落都不必太担心。唯一需要担心的是，当你看到机长背着降落伞从驾驶舱里走出来，并说："嘿，各位请在这里等一下，我先下去寻求援助。"当然了，这是个笑话。

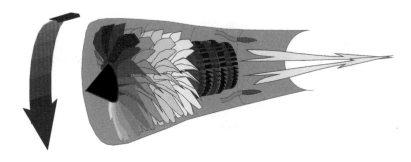

喷气发动机

现实生活中，有一次一个名人谈起他在国外（该国人民以彪悍著称）坐飞机的经历。他在窗口眼睁睁地看着引擎炸了，然而周围的乘客并没有反应，然后他用尽全力大叫，结果大家只是回头看了他一下。后来他的行为引来了空姐，空姐说："只是出现了一个小问题。"有个乘客淡定地问是什么问题，空姐也淡定地回答："有一个引擎坏了。"乘客继续淡定地问："飞机有几个引擎啊？"空姐继续淡定地回答："有两个，还剩一个呢。"而这位名人在一旁已被吓得大惊失色。

值得一提的是，2017 年 12 月，中国航空发动机集团推出了新的 CJ-1000AX 涡扇发动机，并已开始了生产前的强制性广泛测试。

○ 7 飞机起飞的原理是什么？

现在我们知道了飞机的制作材料和结构，可飞机看起来还是很笨重，它到底是怎么飞到天上的呢？

要知道飞机起飞的原理，首先要知道空气动力学的基本原理，这一原理是基于 1738 年伯努利（Bernoulli）发表的对流体的发现和在 1687 年牛顿提出的牛顿第二运动定律形成的。如果你对高等物理感兴趣，可以在网上查一下，当然了，这个太过复杂了，本书也不便详述。简单来说：流速与压力成反比，即空气流动得越快，空气的压力就越小，反之亦然。我们可以做一个简单的实验。

（1）拿一张 A4 纸，从中间对折起来；

（2）将 A4 纸的两个短边对齐并粘在一起，注意折叠处要留一些弧度；

（3）把一根略长的棍子粘在对折的弧度处，然后留出一截，以便用手拿着。

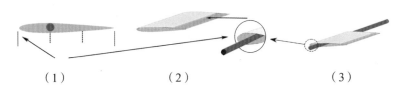

（1）　　　　　（2）　　　　　（3）

空气动力学小实验图示分解

现在你握住棍子，水平放在你的前面，试着朝 A4
纸的空隙中间吹气看看。A4 纸的空隙变大了还是变小
了？我们看到 A4 纸的两边都开始朝中间聚拢，而不是
往两边分开。

这个现象就是因为两张纸中间的气流要比外侧的气
流速度快。如我们上文所说，气流速度越快，空气的压
力就越小，在这个实验中，随着内侧压强的减小，空隙
外边的纸压强较高，就把纸往中间挤压。

现在，你再改变棍子的位置，也就是改变攻角吹风，
看看会发生什么。

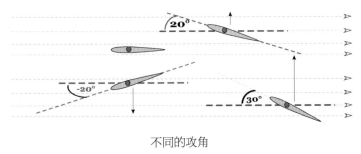

不同的攻角

在前文中，我们知道了飞机通过发动机获得动力，

又通过小实验知道了空气动力理论，那么现在就可以来说说升力原理了。首先，飞机机翼的上下两侧的形状是不一样的，上侧要凸些，下侧则要平些。当飞机滑行时，机翼在空气中移动，从相对运动来看，等于是空气沿机翼流动。所以，在同样的时间内，机翼上侧的空气比下侧的空气流过了较多的路程（曲线长于直线），即机翼上侧的空气流动得比下侧的空气快，于是在机翼的上下表面产生了压强差，从而得到了向上的力即升力。这样，重于空气的飞机借助机翼获得升力，从而克服了自身因地球引力形成的重力，就可以翱翔在蓝天上了。

在巡航中，飞机的速度继续产生升力，这种压力使飞机保持在空中。而当它减速时，为了以较慢的速度飞行，它就需要一个"更大"的机翼。

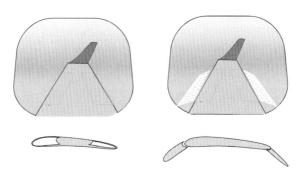

飞行中、起飞和即将着陆时的机翼

正如你所看到的，右图的机翼更大，因此它在低速飞行时产生了更多的升力。

下图粗略展示了飞机起飞的过程。

飞机加速　　　　飞机到达起飞速度　　　飞机在空中飞行，
　　　　　　　　机头上升　　　　　　飞行员已经收回了
　　　　　　　　机翼支撑起飞机　　　襟翼、板条和起落架

飞机起飞过程示意

○ 8　为什么飞机像小鸟一样有翅膀？

小鸟能自由自在地在天空中飞翔，飞机也能在空中飞行。我们观察两者的共同点，是它们都有翅膀。其实飞机就是根据小鸟的外形来研制的。通过前面两个问题我们知道了，飞机能飞起来，多亏了有机翼和发动机。机翼能产生升力，把飞机托起在空中；发动机能产生向前的力，推动飞机前进，在它们的共同作用下，飞机就可以像鸟儿一样在天上飞了。

但是细心的我们会发现，小鸟在空中飞翔的时候会经常拍打翅膀，而现代飞机的机翼却很少这样。这是因为鸟的翅膀上下形成的气压差不足以支撑它们的重量，而翅膀上下摆动可以给它们提供动力、增加气流量，从而支撑身体。而飞机有发动机提供动力，自然就不需要上下摆动了。

当然，能像鸟和昆虫翅膀那样上下扑动的航空器——扑翼机确实是存在的，但距实用仍有一定差距，在本书中我们不作探讨。

其实，飞机并不都像小鸟一样，只有两个"翅膀"。早期的飞机设计者希望把机翼的面积做得尽量大一些，因为机翼越大，产生的升力也就越大。但受当时制造机翼的材料强度的制约，不可能做得太大，于是为了增大机翼的面积，设计师们就造出了多层机翼的飞机，有2层的、3层的，甚至还有4层的。后来随着技术的进步，飞机不再依靠增加机翼面积来提高升力，双翼机从此就成为主流了。

另外，你是否观察过机翼上的翼梢小翼？飞机在空中飞行的高速度会在机翼下方产生高压，在机翼上方产生低压，下面的空气在翼梢周围移动，产生一种称为漩涡的旋转运动。这个漩涡产生了一股使飞机减速的力量，为了减少它的作用，翼梢现在有了一个延伸。

想必你们应该有过这样的经验：小时候玩纸飞机的

时候，我们会不自觉地把翼尖稍稍向上卷起，然后这样的纸飞机是不是飞得更稳定、飞行路线更直、飞行时间也更长了？

飞机机翼上的翼梢小翼

所以下次，当你坐在机翼附近的位置时，不要抱怨看不到窗外美丽的风景，可以尝试多观察一下窗外的机翼及它的变化，这也很有趣，不是吗？

○ 9 为什么坐飞机出行时不适合说"一路顺风"？

某次得知朋友即将坐飞机出行时，我发去了"一路顺风"的祝福。朋友随即发回信息：祝福已收到，下次说"一路平安"即可。通常出行时，"一路顺风"是最常见的祝福语，为什么别人坐飞机时说这句话就不合适了呢？

首先，我们要知道飞机是如何起飞的。这个原理并不复杂，但是请先回答下面这个问题：风筝是怎么飞上天的，是顺风还是逆风更容易飞起来？有过放风筝经验的肯定都知道是后者。

飞机在起降的时候通常会选择逆风飞翔，这主要有两个缘由：一是可缩短飞机起降的滑跑距离；二是可以获得非常好的稳定性和安全性。机翼的升力，取决于飞机与空气的相对空速，而不是取决于飞机与地面的相对地速。飞机在起飞阶段地速小，假如想要使飞机获得满足的升力而腾空，就需要较大的空速，那么在地速相对较小的状况下就需要飞机最好迎风起飞，这样才能达到较大的空速，以达到升力而起飞。大家在放风筝时也是这个原理，逆风时，风筝才飞得高远。

所以，飞机逆风起飞，逆风降落。顺风起飞和降落会让飞机升力减小（影响升力的其中一个因素是相对空速，与气流有关），这样起飞时需要的起飞距离会增大，降落时升力小会让飞机快速下降。当别人说"一路顺风"时，说明这一路的风向都是顺的，与飞机只能逆风飞行相违背。

当然，顺风的起飞降落不是不可能，而是不安全。而在空中航行期间，一般喜欢顺风，原因很简单——能快点儿到目的地。

○ 10 飞机"拉线"是怎么回事?

"飞机拉线，100年不许变。"这句童谣是我孩提时代躺在大草坪上，与小伙伴看着天空上的飞机飞过时哼哼出来的。一望无际的碧蓝的天空上飘过一架飞机，在飞机后面拖着长长的白线，有时候的白线会稍微宽一点，像白云一样。

那么，飞机"拉线"是怎么形成的呢?

燃料和空气的燃烧会产生一种看不见的气体——蒸气，而等到水分子"粘"在空气中的固体分子（灰尘、污染、灰尘、花粉等）上，这时，水就变成可见的了，并显示出凝结的痕迹。在飞机飞行的高度，空气温度大约在零下55摄氏度，这时水汽会立刻转变成冰晶，并反射阳光，如果天气情况较好的话，它们能在短时间内保持可见，这就是我们看到的飞机"拉线"了。航空飞行界和航空气象学称之为"飞机尾迹"。

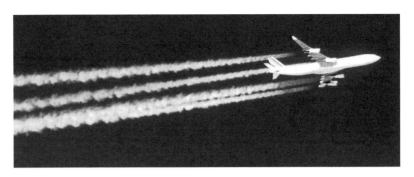

飞机"拉线"

○ 11 飞机是怎么加油的?

飞机体积庞大,耗油量肯定不小,比如我们熟知的波音 747 这种大型飞机,油箱加满要 21 万升油,空客 A320 这种中型飞机也要好几万升油。这里以波音 747 为例计算,一吨油大概有 1355 升汽油,这样算下来的话,一架波音飞机大约需要 155 吨的油。那么怎么给飞机这样的"庞然大物"加油呢?

首先,飞机加什么油?

日常生活中,我们进入加油站加油会按照自己的需要选择合适的油品。小轿车一般加汽油,大卡车加的一般是柴油。而飞机使用的,是一种被称作航空燃油的特殊油品,在日常的加油站中几乎见不到。

其次，在哪加油？

应该没有哪位读者见过飞机去加油站排队加油的场景吧。飞机补充燃料是在停机位上直接完成的。在机场时，我们常常能看到"跑来跑去"的加油车，工作人员直接驾驶加油车开到飞机下面，将加油管接在机翼端的加油口，通过操作加油面板进行加油。

如果是给大型飞机加油，加油车的油量可能就不够了，这时就需要配备加油管道了。大型机场主要的停机坪下面都铺设有输油管道，管道连接油库和停机坪，飞机需要加油的时候，只要用泵车把油抽到飞机的油箱就可以了。

飞机的加油的方式也不同：一种是翼上加油，多适用于小型飞机；一种是翼下加油，这种加油方式多为大型飞机采用。

最后还有一个问题考考我们的读者朋友：你知道飞机的油箱在哪儿吗？

对啦！就在飞机的机翼和两翼中间的机腹下面。

○ 12　飞行中，飞机燃油耗完了怎么办？

开车的时候，车子没油了可以立刻去加油站加油，现在全国各地也逐渐建立起不少电动车的充电桩。那么如果飞机在飞行中燃油耗完了，该怎么办呢？

首先，在长途飞行中，飞机上携带的燃料足够吗？

答案显然是肯定的。按照一般规定，民航飞机在起飞后就不能在空中加油了。在一些影视作品中，我们也许会看到空中加油的惊险场景，但那些飞机一般都不是民航飞机。

如果无法到达目的地机场，那么我们要确保飞机有足够的燃料在进入备用机场后仍能继续飞行45分钟。也就是说，在燃料总量的基础上，飞机必须多携带以正常的巡航速度飞行45分钟的燃料储备，这些燃料储备能让客机在目的地机场周边半径约500千米的范围内选择备用机场。

举个例子，一架飞机从巴黎飞往上海，全程需要11个小时。我们假设上海的两个机场均不能降落，然后出于某种原因，飞行员在最后一刻才知道这个消息，他有很多候补机场可供选择：南京、杭州和合肥。现在假设飞行员选择了南京，但是运气不好，那里也不能降落，他就必须有足够的燃料飞往别的机场，距离南京45分钟或者少于45分钟的飞行距离，他就有了苏州、扬州、常州、杭州、合肥这些选择（注意：这个极端的例子只是为了说明这个规则对公众的好处，在正常的情况下，这显然是错误的，因为飞行员要早做决定，才能有更多的选择）。

那么在航空史上有没有发生过飞机燃料耗尽的事件呢？由于技术故障的原因，这种事件发生过两起。

第一起事件发生在1983年，事故是由于电脑故障和一个坏掉的传感器给飞行员提供了错误的燃料指示。当最后引擎熄火时，飞机仍在41000英尺（合12496.8米）的高度飞行，幸好飞行员对该地区十分熟悉，最终成功滑翔到一个不再使用的飞机跑道上，安全降落。

第二起事件发生在2001年，燃料线的断裂导致了传感器没有通知飞行员燃油泄漏的问题。这一事件令人印象更加深刻：因为这是一次横跨大西洋的飞行。当机组人员发现飞机实际使用的燃料比应有的更多时，他们没有太多的选择。他们在33000英尺（合10058.4米）的高空耗尽了燃料，在没有发动机的情况下滑行了120多千米，持续了整整18分钟。在机械设备失灵的情况下，凭借飞行员过硬的专业技能，飞机成功降落在大西洋中部的特塞拉岛上。

在对燃料故障原因进行调查后，制造商和航空公司进行了技术升级，增加了一些设备来更好地监控燃料的消耗。

而且根据要求，现代商用飞机必须保证在飞抵目的地后，至少还有足够的燃料确保飞机能以正常状态继续飞行一段时间。假设这段时间是 30 分钟。当飞行员发现飞机的油量已经不能支撑飞机再在空中飞行 30 分钟时，就要宣布"紧急油量"，此时管制员将无条件地优先安排它降落，有时候还会让其他飞机绕飞避让。所以一般不会出现因飞机没油而导致的事故。

13 飞机在空中为什么要放油？

曾经有一则新闻报道，国内某航班从上海飞往纽约时，一名 60 岁的女性旅客突感身体不适，一度抽搐昏迷，情况十分危急。于是该航班空中放油 30 吨，紧急备降在位于阿拉斯加的机场。令人欣慰的是，最终该旅客脱离了危险，安全出院。

当时很多民众不理解：为何飞机在降落前还要先放油呢？这难道不是既浪费资源又污染环境吗？

一般飞机放油会出现在大型中型客机上，放油并不是为了浪费，也不是钱多，最终的目的是安全。

当出现紧急迫降的情形时，这个时候燃油的重量加上机身的重量，远远大于飞机的最大着陆重量，为了安全降落，只能在空中进行放油。

所以像本文开头的例子，当时飞机离纽约还有一定的飞行距离，飞机自身较重，为了保证着陆安全，就需要放油减轻重量。

当然很多人也会担心，一次性放这么多的油，洒在空中，会不会降"油雨"呢？其实并不会。专家指出，由于飞机的飞行速度很快，燃油在空中的时候就被雾化了。而且一般飞机都会选择专门的放油区，这些区域被选在山区、海洋及更偏远的地方，所以对环境不会造成很大影响。

当然，不是所有飞机都需要在空中放油的。

如果是一般备降，航空公司会综合考虑情况，选择盘旋还是放油。另外，如空客A320、波音737这类窄体单通道飞机就没有专门的应急放油装置。由于本身航程短、油量小，它们更多的会采用空中盘旋的方式耗油后降落。

另外，如果情况比较紧急，比如飞机刚起飞就遭遇突发情况必须着陆，大型飞机还可以采用盘旋耗油和空中放油结合的方法来迅速降低飞机上的油量，从而达到允许着陆的标准。

总之，燃油虽有价，生命却无价！

○ 14　为什么飞机窗户上会有个小孔?

　　很多人在乘坐飞机时都喜欢选择靠窗的位置,我也一样,因为从玻璃窗外可以看到地面林立的高楼、山川、河流、蔚蓝的大海、漂浮的轮船、小舟,空中翻腾的云海、碧蓝的天空,运气好的话还可以看见初升的太阳、落日的余晖……再看看旁边的窗户,似乎有一白点,再仔细一看,是一个小孔,这有什么作用呢? 是为了通风,还是为了抽烟透气?

　　显然,在飞机上是不能抽烟的,那这个小孔到底有什么神奇的作用呢?

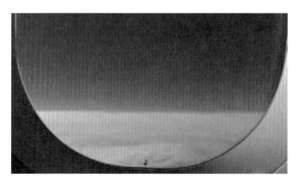

飞机窗户上的小孔

　　我们先来看看窗户。飞机的窗户由 3 片"玻璃"组成(不是一般意义上的玻璃,而是坚硬的塑料),这 3 层窗户的组合密封导致外层窗户和中层窗户之间留有微小的间隙。外层窗户承受了舱内增压带来的所有压力，而内层窗户则是为了防止外层窗户破裂而设置的故障保险装置，当然，外层窗户破裂的情况也极其罕见。由于舱内压力和温度不断变化，所以必须平衡这些压力。中层窗户是一个排放阀，能平衡客舱内层窗户和外层窗户之间的气压，设置小孔的目的就是确保飞机在航行过程中舱内压力只作用于外层玻璃。如果飞机停在一个炎热的机场，这两个面板之间就会积聚起热的潮湿空气。当飞机上升到较冷的大气层时，水分子会冻结成美丽的冰晶。

如果你观察得再仔细些，可能还会问：为什么飞机舱窗的上部基本都是椭圆的，而不是我们常见的矩形呢？这是因为如果窗户是矩形的，那么压力就很容易堆积在尖锐的角上，容易造成玻璃的破碎、机身的破裂。但如果窗户的边是圆润的，那么窗户和机身就会很好地形成一个整体，压力的分布将会更加均衡。

○ 15 为什么飞机窗户上会结冰？

现在我们已经知道了飞机窗户的基本构造和功能了，那么有的读者可能会问：我能看见窗户上有一些冰，这是怎么形成的呢？冰在机翼上也会形成吗？

首先，窗户上的冰是冰晶，也叫霜花，就像雪花一样，很美丽。在上文我们已经提到飞机舷窗上的小孔，除了平衡气压以外，这个小孔还有除雾排湿的功能，这样我们才能在飞机上清楚地看到窗外的景色。所以在下图中你看到聚集在小孔四周的霜花都是水汽冻结形成的。

高空中飞机舷窗上的霜花

再者，机翼上的冰和舷窗上的"冰"是不一样的，主要有以下两种。

（1）霜形冰

霜是白色的，摸起来很粗糙，就像砂纸一样，它能在寒冷的天气里形成。但当机翼在工作时是无法形成霜的。而当机翼上有霜时，飞机是不能起飞的，机场在起飞前会用一种化学喷雾来清除。

（2）明冰

我们在学校学到的是，水会在0摄氏度的温度下变成固体的冰。其实这并不完全正确。在晴朗的天空中，在没有任何污染的情况下，由水蒸气形成的雨水可以在零下25摄氏度的温度下保持液态，这被称为超级冷却的水。而当它碰到坚硬的物体时，水就会立刻变成固体，成为冰。在地面上的情况下它被称为雨冻，在几秒之内就会变得很重。明冰可能出现在机翼的前部，可能会非常厚。

机翼表面如果有冰会大大减少机翼升力，减小临界迎角，使飞机过早出现失速。本来这对飞机来说是很危险的，但是现在一般的飞机都装备了供暖系统或者防冰装置，所以结冰对航空公司来说不再具有风险性。

○ 16 为什么飞机在晚上飞行时开的灯那么亮?

小时候，仰望无垠的夜空，在天空中眨着眼睛的是一颗又一颗明亮的星星。偶尔有一些流星划过，就会赶快闭上眼睛默默许愿。一会儿，又看到一颗流星，咦？这颗流星怎么滑行得那么缓慢？擦擦眼睛再细细一看，原来那不是流星，而是闪着灯的在飞行的飞机。那为什么飞机在晚上飞行时开着灯呢？而且为什么灯光在那么远的距离下都那么亮，就像星星一样呢？

最初，飞机使用的灯和船只相同。你能很容易看见一艘在一片空空如也的海洋里缓慢航行的船，然而分辨出一架接近机场的飞机可没那么容易，因为机场及其附近常常是灯火通明的。

下面的图片向你展示了在夜间行驶的飞机的驾驶舱视图。你能看到前方有飞机吗？

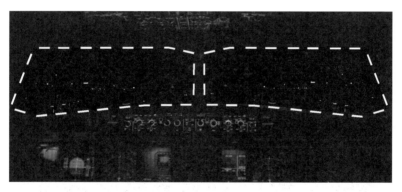

两架相向行驶飞机的驾驶舱视图

看到和被看到是提高安全性的一个重要因素。这就是为什么航空使用高能见度的灯。

首先让我们看一下航行灯。我们在杂乱的灯光下看不到它们——因为它们不够亮。也正因为如此，我们不得不制造一些别的东西：旋转的信标。它们是不断闪烁的红灯，在高空中飞行是可见的，当然，在云层中除外。

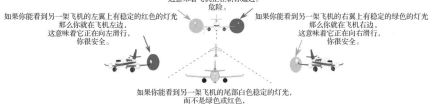

如果你能同时看到前方有稳定的绿灯和红灯，
那么你就在另一架飞机的前方，
这意味着飞机正在朝你逼近。
危险。

如果你能看到另一架飞机的左翼上有稳定的红色的灯光
那么你就在飞机左边，
这意味着它正在向左滑行，
你很安全。

如果你能看到另一架飞机的右翼上有稳定的绿色的灯光
那么你就在飞机右边，
这意味着它正在向右滑行，
你很安全。

如果你能看到另一架飞机的尾部白色稳定的灯光，
而不是绿色或红色，
这意味着你正紧跟着前面的飞机。
慢一点！

不同航行灯图示

很棒，但这是远远不够的。有些情况下我们还是看不见它们。多亏我们在闪光灯技术上取得了进步，比如说闪频灯。如果你想将它和你知道的东西类比，它就像你相机上的闪光灯，只是功能更强大。因为它们是交替的，所以在空中变得清晰可见，但是当许多飞机接近机场时，我们会很难识别它们。

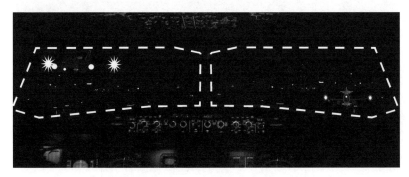

现在灯都开着了，你能看到飞机吗？

这里还有一个神奇的魔术：着陆灯，它的前灯非常强大，甚至可以让我们在 20 千米外就看到飞机。通常一架飞机有 2 ~ 4 个着陆灯，当飞机在天空中飞行时，这些闪烁的灯让飞机看起来像移动的星星。

但是现在，因为考虑到机场附近的交通密度，我们也通过雷达技术监视其他飞机的位置和方向，进一步优化了碰撞的风险预防机制。

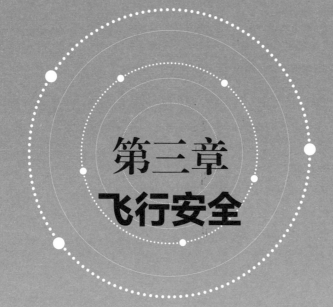

第三章
飞行安全

○ 17　坐飞机安全吗？

2010 年 8 月 24 日 21 时 38 分左右，一架从哈尔滨飞往伊春的客机在伊春机场降落，接近跑道时断成两截后坠毁，"8·24"坠机事故造成 44 人遇难，52 人受伤；2014 年 12 月 28 日 7 时 24 分，亚航一架从印度尼西亚泗水飞往新加坡的 QZ8501 航班与雅加达塔台失去联系，后被证实在爪哇海域坠毁，客机上载有 155 名旅客和 7 名机组人员，其中包括 138 名成人旅客，16 名儿童，1 名婴儿……每每看到这些新闻时，人们总是要发问：坐飞机到底安全不安全？

根据国际航空运输协会（IATA）公布的一些数据：

1970 年，全世界乘坐飞机旅行的旅客达 3.41 亿人次，据报道有 2000 多人死亡。

20 世纪 90 年代，平均每年全世界乘坐飞机旅行的旅客达 10 多亿人次，报道的伤亡人数每年大约在 2000 多人。

2006 年以后，全球每年至少有 20 亿人次乘客乘坐飞机，而伤亡人数下降到 1000 人以下。

2010 年，有 26 亿人次乘飞机旅行，媒体报道共有 973 名伤亡人员。

2013—2017 年 5 年间，每年平均有 30 多亿人次乘坐飞机，平均事故率（每 100 万次航班中的事故数）为 1.79，平均每年发生 8.8 起致命事故，死亡人数约为 234 人。

2018 年全球共有 44 亿人次搭乘飞机出行，全年的航班事故率为 1.35，即每 74 万次航班中有一起事故。致命事故共 11 起，造成 523 名乘客及机组人员死亡。

根据数据，乘飞机出行的旅客在逐年增加，但是乘客伤亡人数却在逐年减少，而且就事故率来说，这也已经算很低了。如果跟其他交通工具造成的事故死亡人数相比，航空事故的概率仍然是最低的。

IATA 的总监兼 CEO 表示："搭乘飞机仍然是世界上最安全的长途旅行方式，根据这些数据我们可以推测，平均每位乘客连续 241 年每天乘坐一次飞机才会遇到一起死亡事故。尽管如此，我们仍在努力实现每次飞行安全起飞和安全降落的目标。"

接下来我们要讨论的是，为什么坐飞机很安全。

飞机飞行的里程一般比较长，载客也多，以飞行距离和乘客数量来算，发生空难的概率实际非常低。另外，飞机的保养与安全检查也是所有交通工具中最严格的。所以，现在的空难事故都是人为原因居多。比如上述两例，事故原因均为飞行员失误。

并且，航空安全依靠充分的准备，机组成员接受了很多训练来处理紧急情况。比如全美航空 1549 号航班哈德逊河迫降事件（2009 年），阿联酋航空 EK521 航班迪拜撤离事件（2016 年），都因为机组人员处理得当而避免了惨剧的发生。

其实坐飞机最重要的还是放松，享受你的旅途。如果最糟糕的事情发生，要知道，你、机组人员和飞机都已经准备就绪了。

有人在采访某航空公司总经理时问："坐飞机在哪个阶段最不安全？"该总经理答："在你去往机场的路上最不安全。"

○ 18 如何保证飞机的安全性？

乘机安全取决于诸多因素，就飞机本身的安全性而言，它依靠严格的认证过程，从研发到使用，飞机的准入门槛都很高。任何航空器从研发、制作到试飞，都要经过各国政府试航安全监测部门的层层审定检查；而飞机投入载客运营，则有更高的准入门槛。

首先，飞机的新设计。在还没有电脑的时代，工程师就是当时的"电脑"。飞机被设计出来以后，需要试飞员进行多次试飞，以确定飞机的性能符合设计标准。在20世纪50年代，试飞员的死亡率很高。现在，大多数飞机制造商拥有超过70年或80年的经验，而且新技术提供了新的工具来测试材料成分，以抵抗"金属疲劳"。

其次，新的规格。我们以空客A380为例，这架飞机最多可容纳近900名乘客。900人丧生事故对制造商来说将是一场经济灾难。因此，他们做了大量的测试来保证没有任何不良后果会发生。

这些测试包括但不限于：利用传感器以最大负载密集飞行、侧风条件下着陆和起飞、在罕见的大风中着陆和起飞、高空机场的航班、在极端温度下飞行、在被水淹没的跑道上着陆、对制动器进行超出正常操作限制的测试、测试涡轮机对鸟撞的抵抗力等。

最后，民航业是一个容忍度非常低的行业，如果一个型号的飞机不断犯错，立刻就会被修改或者替代。"当澳航 QF32 的空客 A380 发动机在飞行中受损时，飞出的部件使机翼受损，但没完全损坏。飞机在两个小时后安全着陆……"紧接着这起事故之后，所有有相同型号发动机（劳斯莱斯 Trent 900 ）的空客 A380 都进行了检查，配备这种发动机的飞机立即停飞。只有在证明飞行安全，更换发动机或发现工作状态良好之后，对才将其投入使用。这个例子表明，由于严格的检查和维护过程，飞机的安全性得到了极大的保证。

此外，一架飞机要想安全飞行，除了飞机本身安全以外，还需要飞行员和乘务员的高素质工作，更需要机务、安检、签派等各种部门和人员对其进行保障，这是其他交通方式无法与之相提并论的。

○ 19 紧急情况下，如何保障航空飞行的安全？

看到了太多空难事件，有些读者认为不管是人为的还是天气的原因，航空飞行难免会遇到一些小危险。那遇到危险时该怎么办呢？如果我们需要在水上降落的话，虽然这种可能性很低，不过，你可以设想一下。

我想再次提醒你，坐飞机并不危险。我也坚持：做好准备是保证飞行安全的关键。如果真的遇到了危险，那么，和你在家里或在街上遇到危险时一样，你应该保持冷静，并尽力帮助别人摆脱困境。

众所周知，当人群出现紧急情况时，恐慌和不良行为会比事件本身造成更多的伤害。实际上，航空人员经常接受培训来面对紧急情况。他们已经审查了安全设备并熟练掌握了如何使用它们，所以他们知道在紧急情况下怎么去处理。

他们通常会有一个排查清单。什么是排查呢？由于人们容易分心，航空业制定了排查的程序。飞行员或是其他领域工作的人使用这个清单做排查，以确保没有什么程序被遗漏。

在每次飞行操作之前，副驾驶都在列表中读取这个程序，然后由机长证实：

·操作完成（以轮子为例）

·或者程序是可操作的（起落架指示灯亮起）

······

每个操作都建立了检查清单。

我们在这里给出一个例子，这个例子并不完全准确，但有助于理解这个过程。

让飞机的高度下降到可以降落的机场，将需要以下清单：

（1）离开所在高度

（2）下降

（3）通过 10000 英尺（约 3048 米）海拔

（4）接近 20 英里（约 32 千米）的距离

（5）通过 3000 英尺（约 914.4 米）高度

（6）较长的最终抵达清单

（7）简短的最终抵达清单

（8）到达机场

（9）到达停机坪

（10）关闭发动机

有些项目是如此重要，以至于好几个清单上都列入了这些项目，我们要确保它们不被遗漏，比如说，放下起落架——大约会出现三次。

同时，乘务员也会指导你怎么做来保证自身安全：

·遵守指令，不要踩别人，不要试图走在别人前面。

·使用常识。

·帮助那些摔倒在地的人站起来，这样他们不会妨碍后面的其他乘客撤离。

·帮助行动慢的人更快地出去。

○ 20 为什么民航飞机上没有配备降落伞？

虽然我们说过很多次航空飞行很安全，但是由于民航事故报道的增多，还是有很多人对乘坐飞机感到提心吊胆，当提及民航事故时，也会发问为什么民航飞机不给乘客准备降落伞。

第一，民航客机很安全，空难事故概率极小，基本上用不着降落伞这样的设备。

第二，多数空难事故发生在飞机起飞和着陆阶段，降落伞在这两个阶段并不适用。

第三，假如在巡航阶段空难事故不幸发生了，那么我们将面临两种情况：一种是飞机失控了，在这种情况下，飞机在剧烈颠簸，乘客完全无法站立，更不用说跳伞；还有一种是飞机是可控的，通常在绝大多数航空事故中都是这种情况，然而在可控的情况下迫降，成功率非常高，更不需要乘客跳伞了。

第四，民航客机巡航高度通常有1万多米，因为高空的低温低压，所以人出舱几秒就会死亡。就算乘客背着降落伞从飞机上跳下去，缺乏跳伞经验的他们最终结果往往也不乐观，没经过训练的跳伞死亡率绝对高过飞机迫降死亡率。

第五，从飞机本身来说，飞机的重量及空间要求不允许携带降落伞。一般飞机在设计上都力求简单轻便，降落伞设备占用空间大，也会增加负荷，从而使飞机飞行面临安全隐患。

所以网络上有人做了这么一个假设：如果我们现在处在一架正在迫降的飞机上，给你一副降落伞，你敢跳吗？或者你想跳吗？有一个回答是："如果你不想，那你是个理智的人，因为此时你并不是听天由命，站在你身后的，是100年来无数的顶尖科学家和工程师，还有经过大量应急训练的飞行员团队。"

○ 21 该如何使用飞机上的安全设施呢？

请记住，安全是对恶劣环境做好充分准备的结果，你可能永远都不会在飞机上处理紧急事件，但还是应当多了解一些安全操作。

出于安全考虑，飞机上有很多程序和设备。有些只能由机上工作人员操作，其他个人设备将由你——乘客操作。事实证明，乘客对使用这些设备的了解是保证安全的关键。让我们来回顾一下。

（1）出口

空乘会在航班开始之前向乘客展示出口的位置。如果你坐在紧急出口处，应该要知道如何操作应急阀门。然后数一数从座位到最近的出口有几排座位，以便在黑暗中或烟雾充满机舱时找到出口。不要像2013年在旧金山遇难的韩亚航空OZ214航班的一些乘客那样，只顾着停下来收拾行李，然后错过逃生。

（2）飞机滑道撤离飞机，救生筏

飞机滑道是充气设备，允许乘客在最短的时间内撤离飞机。他们也可以被用来作为救生筏，一般由空姐激活启动。

通过飞机滑道撤离

在海上撤离到救生筏上

在你跳上飞机滑道之前，要注意，高跟鞋可能会毁坏滑道。所以，在离开飞机、跳上滑道之前，应该脱掉高跟鞋，而且坐飞机旅行时穿高跟鞋也不是很合适，因为机场的距离可能很远，自动扶梯可能会弄坏鞋跟，或者使人受伤。

另外，你也不应该把随身携带的东西一起带着跳上这些滑道。

这些平底滑道是安全的，所以别害怕它无法承受你的重量。如果你是一个足够强壮的人，可以在滑道上帮助其他乘客下滑道，或者在到达地面时帮他们站起来，以防止后面的乘客撞到。

（3）氧气面罩

特殊情况下，一般氧气面罩会自动掉落下来。氧气罩从弹出来那一刻起只能使用 15 分钟，这段时间足够让飞机下降到氧气充足的高度，那时你就能自由呼吸了（提示：父母应在孩子小的时候就教会他们如何熟练地使用逃生设备）。

在平流层，也就是飞机的巡航高度，一旦氧气罩弹出来，你最多有 20 秒的时间戴上，否则就会窒息。乘务员会在飞行前演示如何使用它们。请一定要留心！

（4）救生衣

飞机配备了个人救生衣，通常位于座椅下方。请确认你的救生衣在哪里。乘务员也会在飞行前演示如何使用它们。注意：千万不要在走出机舱之前就给救生衣充气。当它们充完气以后会膨胀开来，届时你将可能无法通过逃生门。

（5）指示灯

万一发生火灾，请立即用衣物捂住嘴，然后按照地面上的指示灯爬行到出口。

发生火灾时应爬行到出口

最后，如果自己或别人受伤了，应该及时告知空乘人员，他们受过专门的急救训练，虽然不是专业的医生和护士，但是在处理紧急医疗事故时可以提供一些帮助，或者通知机舱内乘客来问询是否有专业人士可以进行医治。

○ 22 听说小鸟撞一下飞机会使飞机损伤惨重，这是真的吗？

小鸟撞飞机，听起来像是以卵击石。可是事实是，目前鸟撞飞机是威胁航空安全的重要因素之一。

在空中飞翔的鸟群

2017 年 10 月 23 日，美国一航空公司从波士顿飞往拉斯维加斯的客机因遭飞鸟撞击而宣布进入紧急状况，飞机最终在纽约肯尼迪机场降落。

在电影《萨利机长》的开头，飞机起飞时遭遇了鸟群，两台发动机失去推力全部熄火，无法降落到任何机场，最后只能迫降到哈德逊河上。其实这也改编自一个真实的事件。

所以说，鸟类是航空一个麻烦的问题。

鸟的种类有很多，燕子、椋鸟、天鹅、大雁等。有些鸟生活在机场附近，比如海鸟和大雁（或与大雁相似的鸟类）。如果是燕子和椋鸟，由于体积小，并没有什么太大的威胁，但产生的影响仍然是不可忽视的：如果它们进入涡轮机内，就必须对涡轮机进行检查和清理。

鸟类和其他动物一样，都有自己所处的生态环境。它们很脆弱，有它们自己的天敌——动物或猎人。他们知道，如果它们降落在机场受保护区域内的沼泽里，就不会有人猎杀它们。想象一下，你是候鸟迁徙的"领头者"，你会选择在哪里过夜？"领头者"可能觉得：如果机场对飞机来说很安全，那么也一定会让我们安全，对吗？如果我们待在机场的角落，那就可以了，对吗？

如果一只大型鸟撞上了一架小型飞机的挡风玻璃，它可能会毁了挡风玻璃，那么飞行员就没法驾驶飞机了，而且可能也会因此受伤。

更大的飞机的挡风玻璃更坚固，它们能抵抗鸟类的袭击。但是，与大型鸟的大规模接触可能会对飞机的飞行产生重大影响，正如我们前文所说过的那样，全美航空 US AIR 1549 号航班在撞上一群大鸟后，两个引擎都着火了，飞机被迫在水面上滑行着陆。

为了驱赶鸟类，每个机场都有一支专门的驱鸟队伍。

在我以前工作的机场有很多海鸟，其中有一些甚至在靠近跑道的地方筑了巢。消防部门有时会开着红色的汽车来靠近并驱赶它们。当汽车离开机库驶向这些鸟时，它们会飞走；一旦汽车回到机库，它们又会返回原地。

○ 23　飞机失事的原因是什么?

对于乘机旅行的人来说，可能会"谈空难色变"。有些空难事件背后的原因扑朔迷离，引起了大众的强烈好奇心。一般造成空难的原因有哪些呢?

（1）金属疲劳

在对诸多飞机失事的原因调查中，"金属疲劳"算是其一。"金属疲劳"是指金属在外力的反复作用下，在一处或几处逐渐产生损伤最后导致断裂的过程。

这很复杂，涉及铝合金的分子结构。我们可以类比这样一个简单的实验：下次你喝听装的铝罐饮料时，把易拉罐的拉环用力拉出，然后可以试着扭弯它；反过来，再向另一面继续扭弯。当该动作反复做了两三次之后，拉环的温度就会升高。如果再反复弯曲几次，拉环内部慢慢就会出现裂缝。这就是"金属疲劳"造成的结果，疲劳会引起裂缝，裂缝会导致材料断裂。我们的例子有点极端，飞机部件不是这样弯曲的，但是大致原理也可见一斑。

为了解决这个问题，飞机制造商已经对金属合金进行了深入研究，以便机身的任何金属部件都不会因此而断裂。此外，在飞机的设计上也进行了改进。同时，对飞机的加工装配和维修保养也设立了较高的标准。

（2）环境气象原因

天气原因也是飞机失事的另一个主要原因。天有不测风云，所以空难随时都有可能发生。但这种概率是非常小的，一般遇到恶劣天气时，机场都会延迟或取消航班。

（3）人为因素

其实，空难大部分都是由人为因素造成的，常见的有地面指挥失误、机组人员配合不协调、维修检测不严格、飞行员没有做好本职工作等。需要说明的是，如果出现了紧急情况，飞行员是最后一道防线，他们阻止了很多可能会发生的事故。

（4）其他原因

造成飞机失事的原因还有很多，比如小鸟撞飞机、恐怖分子劫机等等。

虽然这里介绍了飞机失事的原因，我们还是想强调飞机的安全性是很高的，一般失事概率只在百分之零点几，未雨绸缪是必要的，但是不必过于杞人忧天。

○ 24 飞机失事时提到的"黑匣子"是什么?

　　首先,黑匣子是不是黑色的? 答案是否定的。黑匣子的外表是醒目的橙色。我们看到救生衣及急救物品都设计成橙色,目的就是醒目,便于寻找。据说在飞机设计初期,机内所有的电子仪器都放在形状、大小统一的黑色方盒里,所以被叫作"黑匣子"。

　　当空难事故发生后,飞机往往会解体,甚至被烈火烧毁。人们到现场救援的时候,总是会寻找空难的"见证人"——黑匣子。它可以给调查人员提供证据,帮助他们了解事故的真相。

　　为了保证黑匣子中储存信息的安全性,它的设计必须具有极强的抗震性。从铝片到芯片储存,黑匣子的技术不断发展。如今,法律规定民用飞机上必须安装两个黑匣子。

　　实际上,黑匣子根据其功能不同分为两种:一种是飞行数据记录器,一种是语音记录器。一旦飞机失事,便能依据黑匣子记录的数据和飞行中的录音分析空难原因。

　　当我们浏览网站时,常常能看到关于搜寻黑匣子的新闻。

　　2018 年 10 月 29 日,一架波音 737MAX8 型客机从

印尼首都雅加达起飞，前往邦加－勿里洞省首府槟港。13分钟后，客机与地面失去联系，坠入距雅加达东北海岸大约15千米的爪哇海海域，181名乘客和8名机组人员全部遇难。11月4日，调查人员成功读取狮子航空公司失事客机一个黑匣子的部分飞行数据，并将继续搜寻另一个黑匣子。

○ 25　飞机也需要保养吗？

开车的朋友应该都有过给爱车保养的经历。那飞机是不是跟小汽车一样，也需要保养呢？答案是肯定的。飞机也需要定期保养与体检，一般称为定检。当然，结构复杂、体型巨大的飞机定检可不是一件容易的事，需要消耗巨大的人力、物力，而且要求也更加精细、严格。

下面这个例子会介绍飞机检修的情况，不过其中给的只是大概数据，仅供参考。

零部件制造商早已确认，飞机的零部件在服务了2000个小时后可能会失灵。因此，在完成了1600小时的服务后，它们将不得不被替换掉。机修工移走旧零件，安装新零件，并在维修记录中输入零件号。这些维修记录不得随意被销毁和篡改。

接下来是检修过程。飞机检修是一个系统工程，主要包括飞机定检，航前、过站及航后检修和排除故障。

（1）飞机在飞行时，传感器会监控一些设备，如燃油压力、油温、发动机温度等。任何差异都会被记录下来，并根据有相关规定的文件来决定有缺陷的零件是否必须被更换。

（2）每天飞行之前、之后、起降间隙都要进行普通检修。飞机在着陆后，将由技术人员检查飞机；然后机组人员将在下次操作飞机时提前到达，仔细查看飞机，确保飞机的内部和外部所有零件、设备均无损坏。

（3）经过一定的飞行时间后，飞机将进入定期检查或例行检查。

· 飞机累计飞行 100 小时就要进行一次检查[①]。一些设备需要进行测试，而另一些设备可能需要更换，因为它们已经达到了服务时间。最重要的是，如果有必要的话，任何显示磨损或损坏迹象的设备都将被报告并替换。

· 飞机累计飞行 200 小时就要进行第二次检查。这条规则与 100 小时检查的规则相同，但是检查时会更深入。

---

① 此处所给的飞行 100 个小时和 200 个小时仅作为参考时间。

·我们把第三次检查叫作年度检修。每年，一些设备必须被移除或更换。在给定的时间内，检查项目包括客舱内部的整新、结构的修理。工作人员分工协作，分别对飞机的发动机、驾驶舱、机翼、起落架、客舱和货舱等部位进行全方位的检查维修。

·重大维修检测。这是最完整、最全面的飞机维修检查手段，检修完以后，它就会像一架新飞机一样。这种检查会将整架飞机拆解并分解维修，如果有要求的话，飞机涂装将被完全清理，以检测机身的金属表面。如果发现飞机有重大损坏，将会通知飞机制造商及该飞机所在国家的民政部门。

实施维修必须严格按照各种飞机手册，对飞机各部件更换、维修结束后还需进行常规检查试验，如无问题才可重新投入使用。

在维修站检修的飞机

○ 26 飞机在飞行过程中有"路"吗?

车行有路,人走的地方多了也就有了路。那么飞机在天上飞有"路"吗?晚上也能看得到"路"吗?

飞机在空中,不像在陆地有实实在在的路。飞机飞行的路线称为空中交通线,简称航线。举个例子,如果城市与城市之间有航线,那么飞机在飞两个城市之间的航线时,具体所走的路线就是航路。飞机的航路不仅决定了飞机飞行的具体方向、起讫点和经停点,而且还根据空中交通管制的需要规定了航路的宽度和飞行高度,以维护空中交通秩序,保证飞行安全。

飞机在航路上飞行,由于高度在云层之上,是看不见地标的。那飞机在空中具体是如何确定线路的呢?

以前,一般都是通过无线电来进行领航的。但是由于科技的进步,无线电领航已经被淘汰了,成为第一备用领航方式。现在跨洋飞行和国内航线的无线电系统已经被全球定位系统(GPS)取代了,飞机确定线路都是通过卫星定位来完成的。

至于晚上的航班能不能看清路,飞机上一般都有自己的雷达,可以通过航电系统设定好飞行路线。借助雷达,飞机就可以按照航路飞行,而空中管制也通过雷达时刻注意飞机的航路,偏航时会向飞机发出信息。

俗话说"海阔凭鱼跃，天高任鸟飞"，这句话并不适用于民航飞行，民航飞机在空中只能按照既定的路线（也就是空中走廊）飞行，也不能随便调整飞行高度，都要按照飞行计划和空中管制所指挥的高度飞行。如果天高任意飞，每天那么多航班乱飞肯定会乱了套，还会不可避免地发生各种大碰撞。

27 没有红绿灯，那么多飞机在空中怎么管理呢？

空域看起来很大，但也需要组织起来才能让飞机安全飞行。正如在高速公路上，许多汽车朝同一个方向行驶，其实飞机也一样，要朝同一个方向飞行，减少碰撞风险。比较复杂的是机场附近，因为许多飞机会在相同的时间到达。汽车的行驶有交通信号灯的管理，然而，我们不可能让飞机在飞行中停下来。所以，为了保证飞行安全和有秩序飞行，空中交通管制（ATC）应运而生。

空中交通管制，由机场管制塔台提供服务，是一个负责组织空域的机构，主要任务是防止飞机之间相撞，防止飞机撞到障碍物，维护空中交通秩序，保证空中交通顺畅。管制人员通过指令，制定飞机的航线走向、飞行高度，调整飞机的飞行速度或上升、下降速度等，保持飞机之间的安全间隔，监视飞机在指定航路和空域中的活动。随着空中交通管制的智能化，它能在全世界进行协调工作。比如说，在天气条件恶劣时重新布线飞机，通知飞行员改变航向来避免因恶劣天气或火山灰区域增加的碰撞风险。

我们来看看 ATC 是怎么管理航空公司的定期航班的。

例如，每天晚上同一时间，某航空公司的某航班降落在法国的某机场。但是由于住在附近的人们的投诉，该航班在欧洲机场晚上的使用频率越来越低。

现在欧洲的航班通常在上午6点到晚上10点至11点。这意味着所有的航空公司都必须分享可用的时间。每个航空公司预留的航班称之为"航班时刻"，每个航空公司都会在地面上进行航班运营，因为机场停机位有限。

出于某种原因，该航空公司不能使用特定的时间空当，那么之后的航空公司将会使用。该航空公司需要与 ATC 协商另一个时间空当。在某些情况下，这可能需要一些时间，并可能导致长时间的飞机延误。

例如，因为 ATC 的规定，原本定在下午 4：30 起飞的航班延误了40分钟。因为那时巡航高度的风速更快，时速超过 150 节（280 千米 / 时）。如果飞机按时起飞，就会太早到达目的地。如果准时起飞，这架飞机必须在巴黎的上空盘旋40分钟，不但要消耗掉大量燃料，还会占用领空，可能会与另外 50 架刚刚穿越大西洋抵达巴黎的飞机产生航线"冲突"。所以根据 ATC 的规定，该航班必须延迟 40 分钟再起飞。

○ 28　全球有这么多家航空公司，怎么保证通信信息一致呢？

英语已成为全球商业航空的官方语言。现在它也是航空公司培训中使用的语言。过去，沟通不良曾导致过严重的事故，所以为了避免因为用词上的误解，人们创建了一系列航空用语。

以下是我 30 多年前在法国为学生制作的音频课程的摘录。因为篇幅的关系，在这无法把所有的信息都收录进来。因为内容较多，通过录音课程这种方式，学习航空通信也需要很多小时。

首先是字母。

ALPHA	BRAVO	CHARLIE
DELTA	ECHO	FOXTROT
GOLF	HOTEL	INDIA
JULIET	KILO	LIMA

MIKE	NOVEMBER	OSCAR
PAPA	QUEBEC	ROMEO
SIERRA	TANGO	UNIFORM
VICTOR	WHISKEY	X-RAY
YANKEE	ZULU	

其次，简单的数字。

1 ONE		6 SIX
2 TWO		7 SEVEN
3 THREE		8 EIGHT
4 FOUR		9 NINER
5 FIVE		0 ZERO

请注意，英语 nine（9）的发音听起来像德语的 nein（否），因此，它没被使用。

最后，完整的数字

10	ONE ZERO
27	TWO SEVEN
100	ONE ZERO ZERO
135	ONE THREE FIVE
9000	NINER THOUSAND
12000	ONE TWO THOUSAND
35000	THREE FIVE THOUSAND
28235	TWO EIGHT TWO THREE FIVE

在电影中，你可能听到过遇险呼叫"Mayday，Mayday，Mayday"，Mayday是航空器最高等级的求救信号，来自法文"Venez m'aider"，意为"来帮我"。说完三遍Mayday以后宣布进入遇险状态，需要立即援助，比如发动机失火、失效，航空器失控，宣告燃油进入紧急情况，这时同一空域的飞机或者在路面、其他行进中的飞机、消防车等要立即避让，并且相关人员会马上进行救援。

在四川航空地区流传着这么一个笑话。

成都机场塔台接到紧急通话。

飞行员：Mayday！ Mayday！ Mayday！

塔台：啥子没得？你没得啥子？是不是飞机有问题？（四川方言）

飞行员：Mayday！ Mayday！ Mayday！

塔台：没得问题嗦，那你好生飞撒，不要紧到起惊叫唤。（四川方言）

夜幕下机场的塔台

如果你遇到一些严重的技术问题，但是没有上述情况那么紧急，你可以说："Pan，Pan，Pan。" Pan 来自法语中的 "panne"，意为故障，级别低于 Mayday，宣布航空器进入紧急状态，但不需要立即援助。

○ 29 飞机飞行时遇到的气流颠簸是怎么回事？

2016 年 1 月 1 日，我从美国佛罗里达州的坦帕乘机飞往罗得岛州的普罗维登斯。飞行中途飞机颠簸得厉害，我清楚地记得当时自己的腿在颤抖。我心想，这是 2016 年的第一天，不会有糟糕的事情发生的。于是我望向窗外，感受着我们乘坐的飞机从一个云层飞往另一个云层。突然，我听到我前面座位女士的笑声，她在安慰邻座的人：飞机只是遭遇强烈气流了，放轻松，没有关系的。这对当时气氛紧张的机舱来说真是温馨。最后飞机安全着陆，大家自发鼓起了掌。

虽然坐过很多次飞机，但是遇到颠簸时还是会感到紧张和害怕。那么，气流颠簸到底是怎么回事呢？

云层对飞机飞行能产生影响，它有对流，当空气上升时飞机会上升，当空气下降时，飞机会下降。当飞机穿过这些对流边界时，你会感到座位在晃动，飞机在下降。所以，飞机在空中的颠簸是由气流扰动造成的，我们称这些为"气流颠簸"。

事实上，飞机在遇到颠簸气流时不会坠落，所以不用害怕。但这些颠簸正是在你坐着的时候被要求系紧安全带的原因。飞行安全专家说，如果飞机遭遇乱流或在紧急事故发生时，座位上方的置物柜通常承受不住过重物件，许多乘客都是被掉落下来的行李砸伤头部甚至死亡。而随时系紧安全带，更是最基本的自我保护措施。当飞机翻覆或遭遇乱流时，系紧安全带能让乘客不至于在机舱内四处碰撞。

多年以前，一架客机在飞越太平洋的上空时遇到强烈颠簸，一名乘客没系安全带，头部撞上硬物不幸死亡。正如我们在别的章节提到过的，在任何情况下，你都应该在座位上系好安全带，如果你睡着了，你就听不到系紧安全带的通知。一个小建议就是如果怕颠簸的话，尽量选择机翼附近的位置，因为那儿距离飞机重心最近，颠簸会较小一些。

当然，飞行员应尽量避开这些不稳定气流。现代电子设备可以帮助飞行员避开不稳定气流地区，这让你的飞行更加舒服。但有时，颠簸是无法避免的。在这种情况下，机长会打开安全信号灯。

○ 30 飞行时，窗外的电闪雷鸣对飞机上的人员来说安全吗？

当含有大量水分的气团到达地面温度很高的区域时，湿气就会变成蒸气。这种蒸气比空气轻，所以会逐渐上升。随着海拔的增高，温度降低，蒸气冷却凝固成水，产生了云。一般而言，云层的中下部积累负电荷，云层底部积累正电荷，因而在云层底部与地面之间形成强大的电场，当电场超过一定范围时，强大的电流瞬间击穿空气，于是闪电就这么产生了。

大部分飞机都是不惧闪电的，因为它们的机体是由导电材料构成的。如果飞机飞在这道闪电的路径上，电流就会跟着飞机的金属机身传递。但是一种叫作法拉第效应的现象将阻止电流进入飞机。所以，你在飞机上很安全。

另外，大型飞机一般是在平流层飞行，对流层的雷雨对它没有影响，只要起飞降落时天气状况稳定就行了，所以也不要太担心。

真正的问题是，在有闪电的地方，会有很多严重的颠簸：你将会在雷暴中飞行。如果你不想受伤，最好系紧安全带。

由于这些潜在颠簸的存在，飞机常常避免在雷暴天气起飞或降落。在炎热的夏天，每天下午常发生这种情况。如果你想准时坐飞机的话，那么应该在雷暴形成之前搭乘飞机，所以选择上午的航班会保险一些。

遭遇雷击的飞机

○ 31 面对恶劣天气，旅客出行怎么办?

我们这里说的恶劣天气其实是指雷雨天、大雾天、暴雪天等，此时造成的影响主要是飞机延误或者取消。如上文所说，在雷电天气，最好提前做好出行计划，提前出门。多留意未来几天出发地和目的地机场的天气预报，了解天气情况。

乌云密布的天空

一旦确定行程，要多关注航班动态，虽然在大面积航班延误时，航空公司会通过各种途径告知旅客，但对于一些临时性的航班取消与延误，航空公司一般难以在短时间内通知到旅客，所以旅客主动查询和了解所乘航班的动态是非常有必要的。早动身是指旅客要充分考虑到雷雨天气时容易遇到的交通拥堵、信息不畅等情况，提早出行，避免上述原因导致的误机。在出门前，可以先拨打所乘坐航空公司的咨询电话，或直接拨打民航信息查询电话，也可以通过航空公司、机场的微博、微信等新媒体，及时了解航班的最新动向和起飞、到达时间，这样便于安排自己的行程。

对于中转的旅客来说，也应充分考虑天气因素对航班的影响，中转时要留足时间，避免因前段航班的延误而导致连环延误，从而打乱计划。

再者，如果实在是因为天气造成了航班的延误和取消，可以及时联系航空公司询问是否可以改签，或者是否有别的补偿措施，等等。还有，为了将损失降到最低，可以购买一份航班延误险，或者加强订购免费取消、改签服务。

我们很理解恶劣天气不能出行所带来的焦虑感，但是一定要注意航空礼仪，切莫太着急，跟航空公司工作人员吵架甚至动手。我们看过很多的新闻报道，因为天气原因航班延误，乘客大闹机场并与工作人员动武，失了仪态又耽误了行程。

飞机在积雪覆盖的机场上空滑行（没有风）

有一年冬天，我们早早定好了去南方的票，谁料临近出发通知有雪，结果很多航班都被取消了。唯独我们定的那家航空公司的飞机还依旧飞行。因为在预订飞机票之前我们就查看了哪家航空公司在对抗恶劣天气时有比较好的口碑，能照常出发。但是别的航空公司取消航班也都是可以理解的，因为安全最重要。

第四章

准备行程

○ 32 完整的航班流程是怎么样的?

一个完整且顺利的航班流程离不开准备环节，准备飞行也被称为起飞前的预检。预检是一项非常复杂且技术性很强的操作，在本书中，我们会将其简化，以便每个人都理解并体会到专业人士所做出的出色努力。另外，这里给出的时间并不精确，只是大致设定的时间。

（1）夜间时，飞机要么在飞行中（夜间飞行），要么在维修中，或者在登机口"休息"。

（2）在地面上时，一般时间安排如下：

上午7：00——大巴车在不同的酒店接载乘务员。如果飞机在夜间进入维修机库，负责监督维修工作的首席机动员会批准该飞机"返回服务"并签署一份表格，该表格将被提供给航空公司运营办公室和飞行员。

上午 8：30——登记柜台开放。

上午 9：00——如果飞机在登机口停留了一晚，或者刚刚从维修机库进入登机口，那么将会使用地面电源装置（GPU）为机上空调或者其他设备供电。飞行员和副驾驶抵达他们的航空公司运营办公室，他们查看天气预报，审查并批准飞行计划。

上午 9：40——调度员将飞行计划发送到飞行计划办公室并订购燃油。飞行计划办公室将其发送给空中交通管制。燃料公司开始为飞机加油。

上午 10：00——此航班的登机手续已关闭。乘客名单将由航空公司运营部门处理。调度员此时肩负一系列任务：验证乘客和行李的总重量；将乘客的名单发送给安检、海关、移民警察及飞机计算机系统处；准备一份有特殊需求的乘客名单；通知行李搬运工在哪个货厢装载行李……

与此同时，机组人员穿过机场航站楼登上飞机。

当我看到这些年轻人穿着美丽的制服走在一起时，总是感觉很享受。正如我教过的很多像他们一样的"航空人"，他们训练有素，而且非常专业。这不仅让我有信心，因为我们有这些"得力助手"，还让我感到自豪，因为我自己已经在航空业工作 30 多年了。

（3）准备飞行：

机长通过机载计算机系统接收乘客名单后，与乘务员举行会议。他向乘务员简要介绍航班上的情况、抵达时的天气情况及一些可能的延误情况和替代方案。其中一名飞行员需要监视飞机的加油量，以确保他们获得了他们所订购的油量。同时，前一班航班机组人员留下的维修清单也需审查，以核实需要更换或修理的任何物品已经处理并记录在案。此外，还需飞行员前往地面在飞机的周围检查一番。然后，机舱总监与其团队举行会议：回顾乘客名单，以预估哪些人有特殊要求，包括特殊膳食；给每名乘务员在飞机中分配位置；工作人员检查各自负责的区域，同时检查安全带、救生衣、安全清单、杂志、安全设备（如救生筏、飞机滑梯）等；工作人员打开遮窗板；装载食物，储存并固定在其位置上。

上午 10：15——加油完成。机长呼叫地勤人员，告诉他们乘客可以开始登机。

登机是最常见的麻烦的过程之一，因为乘客不知道该坐在哪里，在等待的路上可能忘了东西，有时会设法带上超大行李箱或婴儿车（而这些没法塞进李舱）。大多数时候，乘客也可能比较矮或者力气不够，无法将手提行李放入行李舱；更糟的是，更年轻、更强壮、更高的人选择无视，并不出手帮忙，只能靠乘务员在狭窄的过道来来回回穿梭帮忙。

上午 10：20——控制塔从 ATC 接收飞行计划。

上午 10：30——飞机门被锁定且固定，每位乘客都已坐下。每位乘务员都会向机舱总监报告，然后向机长报告。

上午 10：35——试点请求向后倒退。

上午 10：40——塔台批准向后倒退。

上午 10：45——向后倒退。当发动机启动时，飞机与地面电源装置断开连接。

上午 10：50——飞行员请求滑行许可。如果由于登机速度缓慢而导致航班延误，航班将失去该轮次。

接着飞机滑行到跑道，准备起飞。当到达这个点（称为保持点）时，飞行员切换到 TOWER（塔台）频率，以便获得起飞顺序或间隙。

上午 11：00——飞机准时起飞。

谢谢你，乘客！

（4）飞机飞行时：

上午 11：03——飞行员切换到 APPROACH（进近）频率。如果没有颠簸，将会关闭安全带标志。

上午 11：18——飞机达到巡航高度。飞行员切换到

"ATC"地区或海洋（如果穿越海洋）空中交通管制频率。

上午11：20——空乘开始提供用餐服务。

如果你在本次航班之前已阅读本书，那么可能你已经以最优惠的价格选择了最好的航空公司。

然后，你可以放松放松，看电影、阅读书籍或睡觉。如果你的航班是过夜的长途航班，那么傍晚5点至6点会供应餐食；吃完饭后，机舱内的灯光会关闭，以便乘客很好地入眠。正如之前所说的，你可以放心，好好休息，我们有很"给力"的工作人员。乘务员每隔两三个小时就走到过道上，向醒来的乘客提供茶水。当然如果中途醒来口渴，而此时也没有空乘人员提供服务的话，你可以直接去机舱后方的储物间要点喝的。如果你乘坐的是国际航班，还可以体验在飞机上购买免税商品。

早上6：00——现磨咖啡的香味填满了客舱，客舱主管打开机舱灯。机长广播更新最后一阶段的进程，然后乘务员开始陆续供应早餐。

在着陆之前，你会被提醒要调直座椅背，收起小桌板，打开飞机窗户上的遮光板。

早上7：00——该航班到达目的地，飞机停稳，乘客下飞机。

（5）乘客下飞机后：

然后清洁人员将迅速进入机舱，立即开始清理工作。

乘务员会检查每个座位，如果你把相机或手机遗落在座位上，他们将会"追踪"到你。机组人员提交设备记录，他们写下存在的任何"出入"情况，然后将信息发送到航空公司运营办公室，下一班机组人员已经在准备下一班航班。

当你下了飞机走出机场，即将享受你的假期或者与家人的欢乐时光之时，亲友会问你的第一件事就是："你的航班怎么样，飞行累不累？"

因为你已经使用这本书作为指导，你会说："非常棒！"

毫无疑问，你也会推荐这本书和这家航空公司给你的朋友，对吗？

○ 33 乘客航班出发的流程是怎样的？

对于没有乘机经验的人来说，第一次坐飞机可能会有点兴奋，也可能会有点不知所措。那么航班出发的具体流程是怎样的呢？

（1）办理登机手续：一般建议国内航班提前2小时，国际航班提前3小时到达值机柜台办理。办理时请准备好你的护照及签证等证件，以方便柜员检查登记。值机时会询问你座位等情况，你有什么需求可以告诉柜员，柜员会尽量为你安排。如果需要托运，具体额度和规格请详细询问航司，不同航司、不同舱位、不同性质的客票额度和规格不一样。

请一定要注意，笔记本电脑、手机的锂电池等不可以托运。刀具如剪刀、水果刀、指甲刀等都必须托运。我有一次乘机带了单反相机，考虑到相机较重，于是把它装进了托运行李箱里。在过后面的边检时，突然被地勤叫住了，让我从队伍中出去。原来他们在检查我的托运行李时检查出来了异常情况，后来才揭晓是相机里的锂电池在"作祟"。我将其取出后，又得重新回到边检的长队伍后面去排队。

（2）边检：国际航班比国内航班多了边检一个环节。当你完成值机后，就要进行边检检查，请准备好你的登机牌、护照和签证，以备边检人员检查。

（3）安检：完成边检后就进入安检的流程。

（4）候机：过完安检就可以在候机楼候机了，国际航班可以去免税店，然后就可以等待登机，一般登机牌上有写登机口，如果没有就关注一下机场的动态显示屏，到时直接去登机口等待登机即可。

（5）登机：登机广播会在起飞前30分钟广播，乘客有序排队，按照顺序登机。登机牌上有座位号，飞机上的座位号标在放行李的舱壁（座位上方）。登上飞机时，空乘会给你指出座位大概方向，找到你的位置坐下，扣上安全带。

好了，一切都准备就绪了。

◯ 34 该去哪个机场坐飞机呢？

正如我们在谈到航空历史时所了解到的，最初的机场主要是为了军事目的而建造的。当商业航空开始发展时，航空公司共享相同的机场设施。自20世纪60年代以来，许多国家都处于和平状态，不再需要那么多的军用机场，所以许多以前的军用机场都被移交给民用部门使用。

法国的某个小机场

国际民航组织将机场（航空港）定义为：供航空器起飞、降落和地面活动而划定的一块地域或水域，包括区域内的各种建筑物和设备装置。机场可分为军用机场和民用机场，或者军民合用机场。民用机场主要分为运输机场和通用航空机场，此外，还有供飞行培训、飞机研制试飞、航空俱乐部等使用的机场。运输机场的规模较大，功能较全，使用较频繁，知名度也较大。通用航空机场主要供专业飞行使用，场地较小，因此一般规模较小，功能单一，对场地的要求不高，设备也相对简陋。具体来说有：

（1）军用机场：考虑到它的战略用途，就像任何军事基地都不能被民用飞机使用，当然除了军民合用或者紧急情况。

（2）商用机场：一个用于商业目的而建造的机场，主要由航空公司经营，亦可被私人飞机的所有者使用。

（3）通用航空机场：这意味着只有私人飞机降落在那里。它们主要供私人飞机所有者或飞行学校使用。一般来说，这些机场的规模较小，设备较少。有时，它们只是一片被草覆盖的平地。

（4）私人机场：在一些国家，人们可以在自己的土地上拥有机场。这些机场被列为私人机场，未经允许，其他飞机无法降落。

（5）直升机场：无论是商业的还是私人的，只能用于直升机业务的机场。通常在大城市里都有这样的直升机机场，有时会建在高层建筑的屋顶上。

（6）水上飞机场：供水上飞机停泊的区域，通常不允许船舶在那儿行驶。

水上飞机在民用方面可用于运输、森林消防等，比如说水上飞机在靠近水面后，能在30秒内取水，这使得它们能够及时扑灭森林大火。

用于救援爆炸事件的水上飞机

本书着重讲的是商用机场，每个商用机场都由4个字母的 ICAO 代码和一个3个字母 IATA 代码标识。我们在这里没有提到这些 ICAO 代码，因为它们不会出现在你的机票上。例如下表所示的机场代码。

机场及代码

IATA 三字代码	地点	机场名
HKG	中国香港	香港国际机场
HGH	中国杭州	杭州萧山国际机场

IATA 三字代码	地点	机场名
AMS	荷兰阿姆斯特丹	阿姆斯特丹国际机场
SVO	俄罗斯莫斯科	莫斯科谢列梅捷沃机场
MAD	西班牙马德里	马德里机场
CDG	法国巴黎	夏尔·戴高乐国际机场
LHR	英国伦敦	伦敦希斯罗机场
JFK	美国纽约	纽约肯尼迪国际机场

有的城市不止一个机场，请注意你在以下城市是否去了正确的机场：

北京现有两个民用机场，新建的大兴国际机场在2019 年 6 月 30 日已经竣工，并于 9 月 25 日投入运营。

PEK Beijing Capital International Airport 北京首都国际机场

RKX Beijing Daxing International Airport 北京大兴国际机场

上海有两个机场：

PVG Shanghai Pudong International Airport 上海浦东国际机场

SHA Shanghai Hongqiao International Airport 上海虹桥国际机场

○ 35 机场送机，可以送到什么地方呢？

当看影视作品时，我们常常能看到这样的画面：亲人和朋友在机场依依惜别，恋人之间更是难舍难分，甚至糊涂的男主角在女主角即将登机去往异地之时，才意识到自己内心对对方是多么的眷恋，从而在荧屏里上演了一幕又一幕机场挽留感情的戏码——男主角不仅及时拦住了即将登机的女主角，还在空乘人员和其他乘客的祝福声中紧紧相拥。然而，现实情况真是如此吗？非乘机人员在送机或者"追人"时究竟可以进入什么区域呢？

首先，我们来认识一下机场。机场包括候登机楼、飞机跑道和停车区域、指挥塔、海关安检和停机坪。

机场全景

总体来说，机场分为两个区域——公共区域和限制区域。公共区域是人们可以自由活动的地方。在我们的图片上，也就是机场周边的任何地方，包括停车场、餐馆、商店和服务区、登记柜台、安检处，以及旅客入住的区域。

限制区只向有通行证的人开放，即机场工作人员（可以是为其预留的专业过道）或有登机牌的乘客。有登机牌的乘客可以步行到候机室，然后按照航空公司工作人员的指示登机。机场人员只能进入允许他们工作的区域，这一区域都明确标识在他们的工作证上。

机场局部图

乘客在登记后，将会收到一张登机牌，上面显示了你必须到达的候机室及候机时间。这跟中国的火车站有点像，但机场的面积更大。所以，登机牌上还显示了登机口和登机时间。习惯在中国乘火车旅行的人应该很熟悉这个流程。

注意看机场的航班显示屏，它会显示你将乘坐的飞机登机口号。由于机场的操作限制，可能临飞前一分钟都会有变化。请务必提前到达机场，留足办理相关手续的时间，还要考虑行进的速度。因为你可能需要在登机柜台和登机口之间步行 15 到 20 分钟；也要考虑到你必须经过安检，而这可能会再增加至少 20 分钟的时间。（提示：国内航班规定在起飞前 45 分钟应到达机场，如乘坐国际航班需要提前更多时间。）

所以回到我们的之前的问题：非乘客究竟可以进入机场的什么区域呢？那就是非限制区域。我们在影视作品里看到男女主角含情脉脉地看着对方上飞机的画面其实都是编造的，并不符合实际情况。而在电影《真爱至上》里，早恋的小男孩托马斯·桑斯特在机场狂奔，又硬闯安检口，在登机口和心爱的小女孩说完再见就被警察架走，这是比较符合现实情况的。

另外，值得一提的是，现在很多机场是由著名建筑师设计的，非常时尚漂亮。机场里还设有许多商店，可以买到心仪的纪念品，或以合理的价格买到高质量的免税产品。在东亚、东南亚或中东地区的机场还有高级的购物中心，人们可以在林荫小路漫步，或坐在小池边的长椅上漫谈，或沐浴在阳光下去欣赏壮观的小瀑布和自由的鱼群，或找到高品质的餐厅大快朵颐。

机场能够给游客留下对这个城市或这个国家的第一印象和最后印象，所以它也是展示国家的一个重要窗口和平台。

○ 36 为什么机场离市区那么远？

大多数的机场都是建在郊区或者市区周边等地，一般离市中心都很远，一些大城市的机场有地铁直达，交通还算便利。大部分机场除了机场大巴以外，很少有直达的公共交通，转乘不方便，打车又太贵。为什么机场不能建造得离市区近一些呢？

第一，飞机需要很长的跑道来起飞和降落，还需要很大的空地来停放飞机。乘客在进入禁区范围时还必须经过航站楼，在那里购买和兑换机票、接受安检、托运或者领取行李，以及通过登机门登机等，所以需要很大的空间。同时，机场周围的建筑也要符合一定的要求，这在市中心基本上很难实现。

第二，飞机起飞和降落制造的噪音较大，如果在市区将会影响较多人的生活和健康。

第三，机场也受周边环境的影响，比如风力、风向、地形。远离市中心，可以确保飞机免受城市飞鸟、气球、玻璃窗等的影响。

第四，由于飞机时速极快，如果发生事故，在人口密集的城市进行迫降可能会更加困难。远离市区的大空间可以防止事故发生或者减轻事故造成的灾害。

第五，预留空间。随着经济的发展，城市可能也会扩大，机场建得远一些也会为城市以后的发展预留空间。

○ 37 如何看懂航班号？

记得我第一次坐飞机的时候，买的是从杭州到北京的航班。机票上的信息显示航班号为 CA1566，这是什么意思呢？

·航班号

在航空公司创立之初，一家航空公司的创始人要向国家民航局（National Civil Aviation Administration）申请一份运营证书。在证书中，这些航班名称获得了批准，将被空中交通管制员使用。这些航班号是独一无二的，当使用这些航班号以后，该航空公司就不会被误认为是别家航空公司。

总的来说，航班号是为了便于组织运输生产，每个航班都按照一定的规律编有不同的号码以便区别和管理。另外，这是你乘机的重要凭证，也是所乘飞机延误时获得航班动态的重要信息。

动态显示屏上的航班号

· 国内航班号的编排

国内航班号是由 2 个字母和 4 位阿拉伯数字组成。字母一般是各个航空公司的代码，数字一般也有特殊意义。早些年，后面的 4 位数字中的第 1 位代表航空公司的基地所在地区，第 2 位表示航班的基地外终点所在地区（1 为华北，2 为西北，3 为华南，4 为西南，5 为华东，6 为东北，末位数字 8 代表厦门，9 代表新疆）。第 3、第 4 位表示这次航班的序号，单数表示由基地出发向外飞的去程航班，双数表示飞回基地的回程航班。现如今，随着新兴航空公司和航班越来越多，很多航班号已经无法套用原来的规律了。

以下是一个列表，罗列了国内一些主要的航空公司的字母代码。

IATA 代码对应的中国主要航空公司

IATA 代码	英文名称	中文名称
CA	Air China	中国国际航空公司
CZ	China Southern	中国南方航空
GJ	Loong Air	长龙航空
HU	Hainan Airlines	海南航空公司
JD	Beijing Capital Airlines	首都航空
MF	Xiamen Air	厦门航空
MU	China Eastern Airlines	中国东方航空公司

所以问题中的航班号 CA1566，CA 代表的是中国国际航空公司，虽然很多航班号不再有严格的规律了，但我们还是可以大致知道第 1 位数字 1 表示华北地区，国航的基地在北京，属华北地区。最后的尾数 6 是双数，表示是回程航班。

·国际航班号的编排

国际航班号是由 2 个字母和 3 位阿拉伯数字组成，字母代表所属国家，第一位数字表示航空公司，后两位是航班序号，单数为去程，双数为回程。

IATA 代码对应的主要国际航空公司

IATA 代码	英文名称	所属国家
AA	American Airlines	美国
AC	Air Canada	加拿大
AF	Air France	法国
AI	Air India	印度
BA	British Airways	英国
SQ	Singapore Airlines	新加坡
SU	Aeroflot	俄罗斯

根据上表和国际航班号的编排规律，我们得知由蒙特利尔飞往上海的航班 AC011，是由加拿大国际航空公司承运的去程航班。

38 登机牌是机票吗？

没坐过飞机以前，我以为坐飞机跟坐其他公共交通一样，只要出示机票就行。可是后来发现登机牌才是乘坐飞机的唯一凭证。还有很多乘机"小白"会问："登机牌不就是机票吗？"

早期人们打电话给航空公司订票，需要手动操作，如果有合适的航班，航空公司会把预定成功的机票邮寄给乘客。乘机当天，乘客带着机票到机场，凭票得到一张写着座位的手写标签纸，这就是最早的登机牌。可以看出，最初机票和登机牌就是两回事。机票是你拥有乘坐航班权利的证明，而登机牌是帮你登上航班、确认座位的证明。

下面就让我们一起来了解下登机牌和机票的区别在哪里。

QUESTION'AIR
ELECTRONIC TICKET RECEIPT

航司预定编码：72655265

乘客信息

乘客姓名 (Passenger Name)	票号 (Ticket Number)	性别 (Gender)	出生日期 (Birthday)	证件号 (Passport Number)	证件有效期 (ID Expiration Date)
ZHANG/SAN		女 (Female)	1999-03-04	E88****88	2026-07-08

航班信息

出发/到达 (Departure/Arrival)	航班号 (Flight)	舱位 (Class)	起飞 (Departure time)	到达 (Arrival time)	航站楼 (Terminal) 出发 (Takeoff)	到达 (Arrival)
杭州(HGH)-北京(PEK) (萧山机场-首都机场)	QA2365	经济舱 Economy	2019-01-25 23:15	2019-01-26 00:30	T1	--

托运行李额：　　　　HGH-PEK:成人:每人 20 公斤

金额明细

机票	机建燃油费	
RMB484.00	RMB 50.00	总计 RMB 534.00

机票示例

机票，无论是印刷品还是电子产品，都是唯一的官方旅行证件。它们也是进行报销等会计事务的有效文件。机票必须包含以下信息：你的姓名、预订号码和机票号码、出发和到达的机场以及对应的 IATA 代码、航班号、出发和到达的时间等。

登机牌

登机牌，上面会提供该航班的航空公司及其航班代码、具体登机和起飞时间、登机口、舱位、座位号等。登机牌是你办理登机手续的凭证（含托运行李），需按照登机牌的信息通过安检、登机并对号入座。

我们从登机牌和机票的区别中可以知道，即使你买了机票，如果没有取登机牌，也是不能通过机场安检、进行登机的。如果你已经买了机票，并知道你买的班次的航班代码，就可以凭你的身份证件到指定柜台办理登机牌，然后通过安检去登机。

随着科技的发展，现在乘机可以不用去柜台打印登机牌了。到达机场以后可以持有效证件通过机场的自助值机机器打印登机牌，有行李托运的话，自助领取登机牌以后还要前往行李托运柜台办理托运。现在有的航空公司还推出了手机登机牌服务：旅客在网上预办登机后，可在手机上收到手机登机牌，或者有二维码的凭证，以此通过安全检查和出入境关口并登上飞机。

39 为什么机票的价格经常变化?

我们在上网查询机票时通常有这样的感觉：各航空公司价格不一样，各航班白天晚上不一样，各航班客流大小价也不一样，提前购买和当天购买价格也变化很大。所以为什么机票价格在时时变化呢?

这是因为虽然每一次飞机起飞运行所需的费用都是基本一样的，但是每一次的客座率不一样。航空公司会控制所有的舱位，对于比较热门的线路，不到最后的关头，航空公司不可能以较低的价钱来出售舱位。试想一下：同样的位置能以贵的价格卖掉，那为什么要以低价出售呢? 不过，如果你提前很多天订票，那么航空公司能确定的订票率就高，所以他会给你很高的折扣。然而距离出发没有几天的时候，却发现有很多舱位没有卖掉，那么航空公司就会放出一些空位子，然后对价格进行相应的变动。这一点也解释了为什么机票价格每天都不一样，机票价格会有随时变动的现象存在。

另外，有不同的方式可以订购机票，比如说电话订票，代理商订票，官网订票，第三方网站订票。其实，在航空代理点和网上的价格相比并不会有很大的差别，只不过在网上购买机票是不会存在税收的，而在航空代理点买机票的话，则会有相应的税收。但是在网上订票的话一定要看清楚机票价格是否包含税、燃油附加税等，这些对你最终支付的价格将会产生很大影响。

我曾经在第三方旅游网站购买机票，刷新到一张便宜机票准备购买时，价格上涨了，再刷新时，又上涨了。过了几天，等价格回落时立即下单，没想到在支付环节提交不了。打电话问了网站客服人员得到的回答是："机票就是这样时时变化的，如果在低价时买不了，我们也没什么办法。"

○ 40 为什么买机票时最后支付的价格跟搜索时的价格不一样？

当我们选择好目的地，在网站上搜机票时，价格也会显示出来，可是当打算支付机票时发现支付金额与搜索时的票价不一样。这是怎么回事呢？

　　如果你搜索的是国内航班，那么网站页面上显示的通常只是票面价格，到结算页面才出现一个税费价格。国内机票只有机场建设费和燃油附加费，各大航空公司都一样。所以票面价格加上机建燃油费，才是这趟航程的总价。

✈ 单程 广州 - 伦敦
13小时

🛩 中国南方航空公司 CZ303 波音787(大) 经济舱

10月29日		10月29日
09:30	—— 13小时 ——	**14:30**
广州白云国际机场T2		希思罗机场T4

👍 成人退改签信息　　☺ 儿童票　　🔊 购票须知

订单总价	**¥6019**
票价(成人)	¥4700/份 ×1
税费(成人)	¥1319/份 ×1

国内航班的票价组成

　　如果搜索国际航班的票价，一般网页上显示的都是含税总价，让人一目了然。其实国际机票总价也是机票票面价加税费，其中税费就复杂多了，包含的种类比较多，除了燃油外，最为普遍的是离境税、过境税和入境税。离境税，即离开某个国家时需要交纳的税金；过境税，指一国海关对通过其关境再转到其他国家的人或物的税；入境税，是进入某个国家时需要交纳的税。此外，还有各国政府要求的税、安保税、乘客服务税等。所以每条航线税费种类和价格千差万别，一般来说税费都很高，有时比票价还要高。

最后，如果你购买了旅行保险、值机服务、额外行李等增值服务的话，那么最终你支付的金额将又有不同。

国际航班的票价构成

✈ 单程 广州 - 伦敦

13小时

✈ 中国南方航空公司 CZ303 波音787(大) 经济舱

10月29日		10月29日
09:30 ——— 13小时 ———		**14:30**
广州白云国际机场T2		希思罗机场T4

🧳 成人退改签信息   😊 儿童票   🔊 购票须知

订单总价   **¥6832**

票价(成人)	¥4700/份 ×1
税费(成人)	¥1319/份 ×1
旅行险（2-3天）	¥75/份 ×1
延误险	¥30/份 ×1
值机服务	¥8/份 ×1
行李托运	¥700/份 ×1

带有增值服务的最终票价

有一次我在香港转机，因为突发疾病，只能离开机场到香港的医院去看病。因为突发疾病是意外情况，所以航空公司可以为我免费改签。第二天当我回到机场准备再次乘机时，航班登记柜台的工作人员告诉我需要再次交纳机场建设费。我有点不解，他告诉我："为建设香港国际机场三跑道系统，在 2016 年 8 月 1 日或之后出票的从香港出发或过境的机票，乘客需支付机场建设费，如果离开机场再次回来则需要再交纳一次机建费。"虽然改签免费，但是航空公司没法替我承担机场建设费，所以最终我又多交了 120 港币。

○ 41 为什么有时候机票价格比高铁票还便宜？

某次，我很晚才决定从杭州去往郑州。当我上网查火车票时，发现所有的二等座和一等座的票都卖光了，只剩几个商务座，最便宜的也要 1360 元。于是我又上网查看了一下航班，发现有几家航空公司的单程机票只要 200 多元，往返机票才 500 元左右。于是我很高兴地买了机票，坐飞机去了郑州。

可能有读者会说，拿高铁商务座跟飞机经济舱比，当然商务座贵，可是杭州到郑州的高铁二等票也需四五百元了，在上面的事例中，仍然是坐飞机划算。不可否认，现在很多航空公司在做活动时，特价机票确实比高铁票便宜，甚至有时价格还会低于普通火车票。这是为什么呢？

航空公司雇用了收益经理，这些专家分析了乘客对座位的需求，在旅客出行淡季的时候飞机经常坐不满。有时候飞机可能去程是满的，却是空着返回的。空座位对航空公司来说是一种资源的极度浪费。为了吸引乘客，必然要下调机票的价格。而火车是常坐常满的，基本上不会出现打折的情况。所以有时特价机票比高铁票甚至普通火车票便宜。

还有一种情况，随着时代发展，航空业也迅速发展，航空公司如雨后春笋般出现在市场上，有时，特价机票也是航空公司之间激烈竞争的一种手段。

所以如果旅客有乘飞机出行计划，需要尽早制订计划，多关注一下心仪航空公司的官网，因为一般航空公司会在出行日期前几个月开始出售折扣机票，或者在某些特定时间段出售特价机票，而每个航班上可能只有几个特价机票的座位，通常会很快售罄。虽然不断地关注和比较票价会花费很多时间，但是能够节省金钱还是值得的。

○ 42 怎么买机票？哪种方式买机票最好？

在航空旅行刚兴起的时候，航空公司在机场和主要城市设有办事处。然后，旅行社开始在全国各地开展业务。慢慢地，早些年的去售票点订票、去机场大厅买票的方式也淡出人们视野，随着网络的发展，网上订购成为主要方式。虚拟旅行社也就是网络平台常常以最低的价格出售机票，这可能是市场上最便宜的机票。但是有人说直接去航空公司官网订票是更明智的选择，到底该选择怎样的方式订票呢？

如果你怕麻烦，可以交给旅行社全权代理。

如果你习惯了面对面沟通的方式，你可以去售票点买票。

如果你适应了网络社会，那么你可以用电脑在网页上购买，或者用手机在各种软件上购买。

如果你想省钱，那么你可以在比价网上比价，比完价格之后确定最想购买的航班，然后再去第三方订票网站和那家航空公司的官方网站看看。有时官网的机票价格比第三方订票网站更便宜，可以直接在官方网站上购买，也可以给航空公司客服打电话购买。

如果你希望当航班出现意外时能更快、更有效、更有保障地解决问题，那还是去航空公司官网购买机票吧。当意外发生，没有第三方、第四方参与，你与航空公司的客服沟通时不会存在"踢皮球"的可能性。

有一年夏天我在一个第三方订票平台上买了一张去往日本大阪的机票。临出发前，我收到因天气原因航班被取消的消息，顿感心急如焚。因为此次前往大阪是为了参加多年未见好友的婚礼，如此好事只因航班取消而就此错过未免太过遗憾。所以我给订票平台打电话，让其帮我尽快改签到当天的航班。客服说因为需要改签的人太多，不一定能帮我改签成功，让我另想他法。无奈之下我开始给航空公司打电话，半个小时后电话接通，我说明了情况后改签成功。过了好一会儿，订票平台的客服才给我打来电话说，因该航空公司电话一直占线，无法帮我解决问题。我气定神闲地说："没事，航空公司官网客服已经给我解决了。"

○ 43 如何买到廉价机票？

你想乘飞机去远方，但如果你的预算是有限的，那么买到一张廉价的机票就显得至关重要。

首先要准备好你的行程。互联网是准备旅行的最佳工具，它将给你提供无限的信息。当你做出决定，确定好要去的目的地时，可以在旅游网站上搜索你需要的信息，选择大概的旅行日期。

然后去比价网看一看价格。有的比价网有自己的手机 App，有时候为了获取更多的手机用户，App 上的机票价格可能比网页版的更便宜，而且会有更多独享活动。

在第三方订票网站上确定好想买的航空公司的机票以后，不妨再去航空公司官网看一看。官网给出的价格可能更便宜，而且注册该航空公司的会员以后，说不定还有额外的折扣优惠。

你也可以在微博、微信等平台上关注航空公司的官方号，它们会将特价机票和优惠活动第一时间通知大众，这是其他代理网站所没有的。如果你是航空公司会员，航空公司一旦有活动，也会给你发短信或邮件。

这里还有一些购买便宜机票的小贴士：

（1）在旅行前6个月（或更长时间）购买机票较为便宜。

（2）机票在高峰时段以外的时间会更便宜。高峰时段通常是指本国和目的地国的公共假期或学校假期等。

（3）机票通常在工作日、夜间航班或特定公众假期当天会比较便宜，比如元旦当天。

（4）需要转机的航班可能比直飞航班更便宜。

（5）往返机票大部分时间比两张单程票便宜，无论你是不是在同一家航空公司购买。

（6）共享航班的票价常常更低。

（7）团体购票的机票更便宜。

（8）一些特殊证件买票更便宜，比如说，老年人可以凭相关证件购买 5 折优惠的老年票，伤残、军警人员凭相关证件可购买 5 折优惠机票等。

（9）来自卫星机场或者邻省附近城市的航班可能更便宜。坐几个小时的汽车或者火车可以帮你省钱。这里还有一个省钱小妙招，如果你发现附近城市或者稍远一点的城市去往目的地的机票更便宜，可以给该航空公司打电话咨询，他们通常会提供你所在地方和前往乘机的城市的通勤交通票，比如高铁票、大巴票甚至飞机票。在非高峰时段，这些通常都是免费的。

有一次我想买从合肥到洛杉矶的机票，对比了合肥新桥国际机场、上海浦东国际机场等几个机场以后，发现有一家航空公司有成都直飞洛杉矶的航班，而且票价极其便宜，于是当即给该航空公司客服打电话。在我确认航班信息无误，并说明本人是从合肥出发后，客服承诺在非乘机高峰期可以免费提供从合肥到成都的飞机票。所以只是一个电话的工夫，就买到了一张特价票，还省了一张通勤交通票，何乐而不为呢？

（10）此外，需要特别注意的是，买廉价票可能会使最终花的钱更多。

116

①你的廉价航班可能会让你去往更远的机场，往返这些机场的费用也很贵。

②可能需要你在出发机场或者目的地机场附近过夜，这将增加你的旅行费用，而且可能不值得。

③可能会在深夜到达目的地机场，所有的公共交通停运了，旅馆或酒店的接待处也关闭了，而且夜间的出租车要比白天的贵很多。

所以也要综合考虑，你的机票是不是真的便宜?

○ 44 什么是"廉价航空"? 安全吗?

廉价航空公司又称为低成本航空公司或低价航空公司，指的是通过取消一些传统航空乘客服务，将运营成本控制得比一般航空公司低，从而可以长期大量提供便宜票价的航空公司。

廉价航空公司可能是穷游的最佳选择。与公众的普遍看法相反的是，"低成本"并不一定等同于降级服务。

有一次，我花了2欧元乘坐全新的飞机从巴黎飞往纽伦堡，这个价格是含税的往返票。飞机上的服务非常好：给我们每人发了一个小三明治，还有果汁、水和杂志。空乘人员效率很高，也非常有礼貌。

但是现在大部分廉价航空都取消了一些乘客服务，在这里，你可能找不到在大航空公司客机上那种穿着时尚制服的空乘人员。廉航上的空乘可能只穿着普通的 T恤等制服。

一般在网站上搜索机票时，廉价航空会在网页上显示"廉航"两个字。

订票网站上搜索到的廉价航空机票

从上图也可以看出廉航的一般特点：

（1）无免费餐饮供应。

（2）根据票价不同，免费托运行李 0~10 千克，也就是说如果你有许多行李需要托运，你可能要为你的额外行李付费。一般来说，在网上预先购买行李托运的费用会比登机前才购买要便宜很多。

（3）正常情况退票比较复杂，一般无经济赔偿。

此外还有以下几点区别：

（1）座位相对比较小。

（2）很多廉航会有不同于非廉航的航站楼，有些是单独的航站楼，这个需要特别留意。

另外，廉价航空的机票有时也不一定比普通航空公司的机票更便宜，在准备旅行预算时，你应该核实所有信息。

民众更关心的是：既然是廉价航空，那么安全是不是也会打个折扣呢？

关于廉价航空的安全问题，并没有确切的证据或研究表明，低成本航空公司的意外事故发生频率要高于传统航空公司。你要知道，航运事故的特殊性，决定了它一旦发生，对航空公司声誉的打击是致命的，低成本航空更难以承受这种打击，所谓"安全才是最大的效益"。所以，廉价航空主要在服务等方面节省成本，在安全上的投入并没有打折扣。

所以大可放心！

○ 45 "超额售票"是怎么回事？

看到"超额售票"四个字，许多人脑海里想到的就是一起网络热门事件——因为超额售票，有乘客被赶下飞机。新闻报道称：一名69岁的亚裔医生预付了机票费用并预先订好了航班座位，机组人员却在他登机后告知他被"抽中"了，需"非自愿"改签，在他明确拒绝后，机组人员通知机场执法人员将其"强制带离"。

为什么付钱买了机票，在上了飞机以后还会被"请"下飞机呢？

航空公司经常会遇到乘客买了机票却没来坐飞机的情况。这不仅给航空公司造成经济上的损失，也导致真正急于出行的旅客无法搭乘所需航班。所以，为了降低这种座位虚耗的损失，提高收益，航空公司根据以往旅客无法登机的概率，制订出超额售票策略并予以执行。简单地说，就是一架200座的飞机卖出了220张机票，这个就叫作"超额售票"。

面对超额售票，乘客们应该怎么做呢？

自愿退出，利用好旅程途中可能出现的机会。所有的航空公司都会售出比座位数量更多的机票。然而，有时他们最不期待发生的事情还是会发生，那就是，每一个买机票的人都出现了，这个时候，他们就必须找到自愿不坐飞机的人，而那个人可能就是你。如果这趟航班极度客满，你就有了可以谈判的资本。和登机口的工作人员进行沟通，尽可能地取得他们的同情，然后告诉他们你自愿被重新安排，问问他们是否可以考虑给你的下一个航班进行升舱来交换，或者提供其他可行的优惠。如果你没有托运行李的话，航空公司会很容易为你重新安排，省去了很多麻烦，因此这个方法就会更容易成功。

如果你不想你的名字出现在因超额售票需要请乘客下飞机的名单里，那么请早点儿到机场，提前值机，因为部分航空公司在出现超售时，登机的原则是：高票价旅客优先于低票价旅客；同样票价的旅客之间，先换登机牌的优先于晚换登机牌的。

最后，若对航空公司的处理结果不满意，或者受到不公正对待，请务必保持冷静并且留好相应的证据，再向航空公司更高层的部门进一步协商解决。民航旅客有权维护自己的合法权益。

○ 46 为什么我买的那家航空公司却给了我别家航空公司的机票？

读者朋友们，不知你们在乘飞机时有没有这样的经历：明明买的是 A 航空公司的机票，到了机场 A 航空公司值机台，却被告知实际乘坐的是 B 航空公司的飞机。这是为什么呢？

　　其实，这是航空公司航班之间的共享代码，叫作联营航班。

　　经营一家航空公司是一项非常具有挑战性的业务。某些航线的飞机很难坐满。航空公司为此建立了一个名为"共乘"的系统，在那里航空公司可以出售机票，并将乘客安排在合作伙伴的航空公司里。也就是说，旅客在全程旅行中有一段航程或全程是乘坐出票航空公司航班号但非出票航空公司承运的航班。

　　如果你在网上购买机票，你会找到关于航班的详细信息，以及航空公司运营航班的信息。

　　如下图，由重庆飞往上海的航班由中国四川航空公司售票，但是与中国东方航空公司 MU5422 航班共享，乘客实际乘坐的是东方航空的飞机。

航程信息	当地起降时间 ◆	起抵机场	准点率 ◆	最低价格（不含税费）◆	
中国东方航空MU9426 中型机 73X 共享	21:20 23:45	江北国际机场T3 虹桥机场T1	63.5%	¥1850 9.9折	订票
四川航空3U5023 中型机 325 共享	07:20 09:35	江北国际机场T3 浦东机场T1	85.2%	¥1870 全价	订票
实际乘坐航班: 中国东方航空MU5422 四川航空3U5023 中型机 319 共享	09:00 11:40	江北国际机场T3 浦东机场T1	80.5%	¥1870 全价	订票

订票时出现的航班代码共享

　　对于那些执着于某家飞机或航空公司的乘客来说，这可能会令人失望。但是航班代码共享对乘客有没有什么好处呢？

（1）机票可能会更便宜。当你了解到某一航班是"共享航班"后，可以对比一下两家航空公司的价格，选择更便宜的机票出行。

（2）如果你从合作航空公司购买了机票，那么你可以在销售公司获取本次飞行的里程。还是以上面的例子为例，如果你注册了两家航空公司的会员，买了四川航空的飞机票，乘坐的却是东方航空的飞机，但是里程是累积到四川航空的常旅客里程计划中的。

（3）如果你需要中转，可能会出现前一段航班延误而错过了后一段航班的情况，那么代码共享航班的航空公司会提供更有保障的服务，比如安排入住酒店、赔偿餐券等。

（4）至于行李，如果需要转机，由两家不同航空公司承运，你的行李也可以直达目的地。比如说你从杭州（HGH）往伦敦（LON），在香港（HKG）中转，从杭州到香港和从香港到伦敦乘坐了不同的航空公司。那么行李怎么办呢？不必担心，你会在伦敦的机场取到。

最后，需要提醒一下，如果你买了共享航班，那么你需要去承运方值机。在上面的例子中，你需要去东航的柜台值机，而不是南航。如果出现改签等情况时，也应该找承运方。

乘坐共享航班的大多数经历还是比较愉快的。可是有一次我在国外乘机，买了A航空公司的机票，收到的机票信息显示是B航空公司的飞机。由于一些特殊原因，该航班被取消了，需要改签。当我去往机场B航空公司的柜台办理改签时，工作人员告诉我应该去A航空公司的柜台。当我去往A航空公司的柜台时，那儿的工作人员告诉我应该去找B。当我又回到B时，他们还是告诉我应该去找A。这时我有点火大，直接给B航空公司客服部门打电话，说明我遭遇到的"踢皮球"的情况时，他们立刻给我解决了问题。出现了改签这样的情况时，应该由承运方提供解决方案。

○ 47　经停就是转机吗？

乘机出行的旅客或许都乘坐过直飞、经停和中转航班这三种航班。直飞，顾名思义，就是起飞之后直接飞往目的地。很多乘客对于中转和经停这两者的概念易产生混淆。

所谓中转机票，指的是飞机从出发地到达目的地之前需在第三地进行转机。大多数旅客在转机的时候已不再需要把行李取出，所以也不需要重新办理行李托运。

如果旅客在同一城市的不同机场之间转机，需要注意中转时间。对于航空公司而言，中转方式可以让飞机多飞、多载乘客，能够节省航空资源，获得更多收益。

经停航班，指的是不换乘飞机，只在中转站停一下，有时是为了加油，有时是为了上下客，就是下去一部分客人，再上来一部分，像火车一样。之所以经停，大部分是因为路线远，且两地客源不充足，于是停于第三地，可以再次上下旅客，增加上客率。

总之，经停不是转机，转机需要乘客下飞机经过转机通道等候要转的下班航班，经停不需要下飞机；如有需要下飞机的情况，一般是因为有第三地的旅客上机，所以要再次打扫卫生，同时进行安全检查，上下餐食饮料等。一般经停时间在40分钟到1个小时，如下图的例子，重庆飞往上海的航班于河南信阳经停，经停时间为45分钟。其实，从机票可以看出来，如果航班号一样，那么就是经停；如果航班号不一样，则为转机。

经停航班

○ 48 12：05 am 的航班是白天的还是晚上的?

这个问题看起来有点"蠢"。可是在涉及国际航班的时间时，常常有人被这个问题弄糊涂。

我的一位在美国的朋友曾经一早出发到达机场准备乘 12 点多的飞机，可是在柜台登记取登机牌的时候被告知已经错过飞行时间了。我的朋友很纳闷，明明是 12 点多的飞机，可是现在才 10 点多呀。工作人员再三确认以后对朋友说："你的飞机出发时间 12：05 am 是凌晨 12 点 5 分，12：05 pm 才是中午 12 点 5 分。"我的朋友哭笑不得，只能改签。

在这里，我们要提到十二小时制。十二小时制起源于埃及，目前在美国、澳大利亚等地区非常流行，其他国家和地区则使用二十四小时制偏多。

Sun, 29MAY	DEPART	ARRIVE
DELTA 2499 MAIN CABIN (X)	LOS ANGELES, CA 11:42am	DETROIT 7:20pm
DELTA 1699 MAIN CABIN (X)	DETROIT 7:55pm	PROVIDENCE, RI 9:48pm

使用十二小时制的机票时间

十二小时制主要是指 12：00：00—11：59：59，把二十四小时分成两个时段，分别用 am 和 pm 表示，没有 0 点的概念。注意是从 12：00：00 开始，而不是 01：00：00—11：59：59。所以按照规定，午夜的 12 点整显示为 12：00：00am。也就是说午夜的 12：00：00—12：59：59 已经算是第二天，显示为 am，所以 am 范围是夜里 12：00：00—中午 11：59：59。如上图显示的出发时间 11：42am 为中午 11：42。中午的 12 点整显示为 12：00：00pm，也就是说中午的 12：00：00—12：59：59 仍然归属前一天，显示为 pm，所以 pm 的范围是中午 12：00：00—夜里 11：59：59。上图显示的到达时间 9：48 为晚上 9：48。

中国在口语中使用十二小时制较多，但机场航班时间等都使用二十四小时制，这样不容易混淆，但还是要再三确认机票和登机牌上的时间。

此外还要注意：

（1）机票上所标示的出行时间指的是当地时间。如上图，使用二十四小时制的机票时间上，出发时间为 1 月 31 日 15：55，指的是泰国曼谷当地时间 1 月 31 日 15：55 出发；到达时间 2 月 1 日 06：25，指的是中国上海当地时间 2 月 1 日 06：25 到达。

01月31日 星期四 新加坡 - 上海 (出发到达时间为当地时间)		约14小时30分
01-31 15:55	樟宜机场T1	泰国国际航空TG414 |机型773
飞行约2小时20分		
01-31 17:15	素万那普机场	经济舱
中转	曼谷	转机约7小时55分 | 需过境签
02-01 01:10	素万那普机场	泰国国际航空TG662 |机型330
飞行约4小时15分		
02-01 06:25	浦东机场T2	经济舱

使用二十四小时制的机票时间

（2）注意那些使用冬令时和夏令时国家的时间变化。以英国为例，英国的夏令时是从 3 月的最后一个星期天开始，到 10 月的最后一个星期天结束。以 2019 年来讲，是从 3 月 31 日开始，到 10 月 27 日结束。也就是说，需要在 3 月最后一个星期六晚上把时钟拨快一个小时，在 10 月最后一个星期六晚上把时针拨慢一个小时。

所以说，跨时区出行的时候记得带上一块手表吧。虽然现在的智能手机可以按照不同的时区自动调整时间，但是你的手表可以提醒你你的出发地现在的时间。

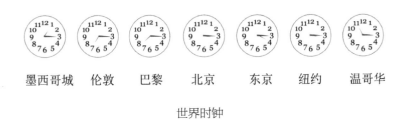

墨西哥城　　伦敦　　巴黎　　北京　　东京　　纽约　　温哥华

世界时钟

很多旅客在网上订机票时经常犯错误，他们有时候去错了机场，有时候在错误的时间去了机场。

2015 年 11 月 10 号上午 8：45，一对夫妇在我 11 点的航班上登记，但他们不在我的乘客名单上。我看了看他们的票，然后说："你们来早了。"

男人迟疑地说："我们怎么来早了呢？飞机在 1 个多小时以后就要起飞了！我们可是要去度蜜月的！"

"可是，你们来早了，早了一年，先生！你看，你的机票的出发时间是 2016 年 11 月 10 号！"

但是这两位乘客太幸运了，那趟航班有正好两位乘客来不了，我给他们换了机票后，他们总算可以出发了！

○ 49 什么是倒时差？怎么倒时差？

每个国家都有每个国家的时间。不同时区的国家之间的时间差就叫时差。地球上的所有生命都有一种生理机制叫生物钟，比如说你适应了早上 7 点起床，中午 12 点吃饭，晚上 11 点睡觉。当东八区的我们去了西五区的纽约，那么就有了 13 个小时的时差，我们昼夜节律的睡眠、清醒和饮食行为就要被打乱了，那么你可能会出现夜晚睡不着而白天却又昏昏欲睡，甚至头昏脑涨、痛苦不堪的状况，医学上叫作"时差综合征"。倒时差就是克服这些因时差带来的不良反应，适应目的地所在的昼夜生物时间。

如果是去日本或韩国等比较近的国家，就不需要倒时差了。如果行程很短，也不需要倒时差，注意休息、多补充水和能量就可以了。

如果去较远的国家且待的时间较长，那么在行程前就可以适当调整自己的作息，如果向东飞，提前上床休息，向西飞则适当熬夜。

你可以携带墨镜、眼罩上飞机，在飞行中的时候可按照目的地时间进行活动，或者多睡觉，或者每隔几个小时起来走动走动，最好是多休息、多喝水，少喝酒和咖啡。

到了旅行地以后，手机上的时间一般会自动调成当地时间，如果你带了手表的话，也可将手表的时间调整为当地时间。时差不适应并不是单纯的生理现象，心理暗示对人体生物钟的影响也很大。

好了，现在你已经顺利到达目的地了，如果现在窗外是白天的话，多出去走走吧，阳光是帮助你适应新时区的最好伙伴。

○ 50 为什么要提前到机场？要提前多长时间？

为确保顺利登机，国内航班一般建议在航班起飞前
2 小时到达航站楼，航班起飞前 30 分钟将停止办理乘机
手续；国际航班建议最晚在航班起飞前 2.5 ~ 3 小时到
达航站楼，值机柜台截止办理手续的时间为航班起飞前
30 ~ 60 分钟不等，各航空公司具体规定不同，可以留意
机票上的说明，或者参看航空公司官方网站上的规定。

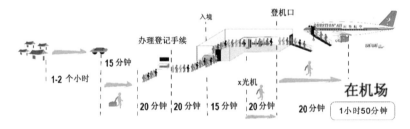

从出发到登机的流程图及时间预算

为什么需要这么长时间呢？让我们把时间倒推，算
一算需要多长时间。假如飞机于 13：05 出发：

　　·我们需要至少 20 分钟登机；

　　·我们需要 20 分钟到达登机口；

　　·我们需要 15 分钟安检；

　　·如果是国际航班，我们需要增加至少 20 分钟过
海关；

　　·我们需要 20 分钟办好登记手续；

·我们需要 15 分钟从公共交通停泊处走到所乘航班航空公司的柜台。

现在你算一算我们需要提前多长时间到机场？

所以下次，我可能会选择乘火车（这是一个玩笑）。

超过登机的规定时间，你就已经和航空公司"违约"了。你应该意识到，在高峰时期，可能需要几天到几周的时间才能找到另一个座位，而且成本可能会更高。因为迟到而把机票浪费了实在是可惜，更别说还耽误自己的行程。所以，尽量早一点到达机场吧！

○ 51　坐飞机该怎么携带行李呢？

该准备什么行李取决于：出行的目的；出行的目的地；所在地和目的地的天气。

如果你打算带一些纪念品回来而不想额外支付超重行李费的话，出行前应该准备轻便的行李。有一些箱包在其他场合很有用，可是装行李就不太合适。比如说，背包对徒步旅行很有用，但在飞机上不是最好的选择。因为背包很软，在行李舱里可能会被压瘪。有的背包体积太大，无法装入机舱的行李舱里，而有些纸板箱则不耐潮湿，容易被毁坏。

　　如果你需要托运行李，那么应该选择硬壳手提箱或带轮子的大包。这些箱包通常有结实的把手，也能被上锁。从机场大门到办理登机手续的柜台之间的距离很长，应尽量避免拖着沉重的袋子"长途跋涉"。

　　一般来说，你只能携带一件手提行李，在飞行期间，你可以随身携带婴儿食品和饮料。还有，只要你有医生开的处方，你就可以在飞行期间携带并使用液体药物。如果行李太多，可以选择托运行李，一般可以免费托运大约 20 千克的行李，这需要再次核实你的机票信息，因为航空公司的政策是实时变化的。即使是在经济舱，一些航空公司仍然免费提供两件行李的托运额度。超过规定的托运额度，会被要求支付一笔相当可观的费用。越来越多的航空公司开始对托运行李收费，如果你提前在网上支付托运费用，也许会有折扣。如果你的行李太重，可能会被要求支付额外的费用或者拆成两件，而托运第二件行李可能要花一大笔钱。

　　过去，航空公司的代理人可能很友善，会给你通融，行李超重一点也没关系。如今，冷冰冰的计算机不再允许这种情况发生。在你买特价机票之前，请特别留心买票界面的各种提示。

　　另外，最好在托运行李上贴上标签。因为很多行李箱外观都很相似，如果不做标记则可能会被混淆。这个标签应该写上你的名字、电话号码和电子邮件地址，你也应该把相关联系方式写在托运行李的标签上。

这么多相似的行李箱，哪一个是你的？

但是最近有新闻说，有些不法分子会将一些违禁物品放入有详细地址标签的行李箱里，以便以后寻找；或者记下那些昂贵行李箱的地址标签，随后潜入其室进行偷盗。所以联系信息，特别是家庭住址不用写得太详尽。

○ 52 坐飞机时如何穿着会比较舒适？

虽然新闻经常报道某些明星艺人的机场街拍，但是飞机上的时尚规则是有别于地面的。坐飞机，舒适最重要。

（1）衣服

带上一件绒线外套，以便随时穿上，即使是短途飞行，飞机上的温度也会出现变化。如果是长途飞行，天

气变化往往很大。在热带地区，涡轮螺旋桨飞机在 5000
米高空飞行，机上很可能没有空调或供暖系统，客舱内
的温度可能下降至 12 摄氏度。如果你是从外部温度 30
摄氏度或更高的地区乘机的，那么将很难忍受如此低的
温度。即使有空调，飞机在高空中温度也比较低。

注意，不要穿紧身的衣服，这样会减少血液循环；
也要避免穿不透气的衣服，这会让汗停留在皮肤表面；
穿起来比较复杂的连体服可能会让你使用机上的厕所时
遇到一些麻烦。

（2）鞋子

要选一些舒适的鞋子，现代机场航站楼的步行距离
较远，走路舒服很重要；在飞机上长时间坐着可能导致
脚踝、足部肿胀，如果鞋子舒服，可以缓解一些不适。
在一个座位上坐了几个小时不动，脚会变得很痛。只要
不影响到你的邻座，脱掉你的鞋子也是个好办法。有的
舱位会提供拖鞋，但是最好随身带一双拖鞋。不太建议
穿凉鞋，虽然穿脱很方便，但是脚会很冷。

（3）袜子

如果通往机场的途中，你在雨中行走过，那么随身
背包里有备用的干袜子很重要。如果飞机上比较冷，在
袜子上再穿上一双温暖的袜子也是一个不错的办法。越
来越多的人用特殊的袜子来对抗静脉曲张，它有助于腿

部的血液循环。也有某些航空公司会在航班开始前给乘客送袜子。

（4）配饰

如果你不想给自己找不必要的麻烦，那么就尽量少戴一点配饰搭乘飞机，因为过安检时可能会要花很多时间，上了飞机后可能还得把配饰一件件地取下来，然后下机前需一件件戴好，太烦琐。建议尽量选择容易穿戴的、实用的配饰，比如腕表。

○ 53　什么是值机?

从未坐过或者不常坐飞机的朋友可能不清楚"值机"到底是什么意思。

值机，英文是 Check-in，是民航的一种流程，主要为旅客办理乘机手续，比如换登机牌、安排旅客的座位、收运旅客的托运行李。

一般乘客凭有效乘机身份证件（订票时输入的证件）在机场指定柜台办理值机（分配座位、领取登机牌）手续，机场工作人员会根据乘客的身份证件号码或姓名、所乘坐的航班号确认乘客的电子客票，然后打印登机牌，并指引他们办理行李托运手续。这样登机手续就办好了。

之后，乘客可凭手中的登机牌通过机场安检，再经过登机口验收登机牌进入机舱。为了出行顺利，一般建议国内航班在飞机起飞前 2 小时到达机场办理各种手续，国际航班则需提前 3 小时办理。

每次坐飞机前，值机程序都是强制性的。

一趟可容纳 300 至 400 名乘客的航班，大约需要两个半小时到三个小时的时间来办理完登机手续。为了减少时间，针对持电子客票的旅客，航空公司在候机楼提供自助值机设备，旅客凭电子客票自助办理登机牌；此外，很多航空公司已经建立了在线登机手续，一般是在航班起飞前 24 小时办理，这样你就可以自己打印登机牌了。当你到达机场时，只需把行李放在专用柜台上，短短几分钟就可以办完值机。如果没有行李需要托运，那就更方便了，直接在网上值机，在手机上收到手机登机牌或者有二维码的凭证，就能进行安全检查并登上飞机了。

有一次，我和朋友们一起约好出去度假，买了同一时间的航班。我们一大早开车前往机场。我说现在可以在网上提前值机了，其中一个朋友被我说服，跟我一起用手机在网上提前登记值机了。可是另外两位朋友说，我们还有时间，到机场再值机好了。然后由于路上堵车，再加上到机场停车区办一周停车的手续也花了点时间，等我们到达机场时，离飞机起飞就只剩40分钟了。我们一路狂奔到办理登机手续的柜台，可还是错过了最后的值机时间，最后那两位朋友只能改签，并目送我和另一位朋友一起走进机场的安检区。

○ 54　为什么坐飞机要安检？

飞机的各项检查一向都特别严格。之所以飞机要实施安检，主要是为了防止袭击造成的大规模人员伤亡。其实除了飞机，其他公共交通，比如火车、地铁也都需要安检。

媒体喜欢用引人注目的新闻来吸引人群。极端主义分子已经发现了这一点，于是将机场或者飞机列为恐怖主义行为的执行地。不少人应该都还记得因为恐怖主义而发生的重大航空事故。各国政府已采取军事或法律行动，航空业也已经采取措施来尽力保护乘客免受因乘机带来的伤害。

当你去机场时，安检这些冗长的程序是保证安全的一部分，这也许给你带来了不便，但是对你和大家都很重要。

另外，乘客误带的危险品也会影响正常的安全飞行，所以安检机和安检门的每一个安检的流程，都是排查可能会对飞机飞行安全造成危害的物品。

总的来说，安检，利人也利己。

○ 55 为什么不能把牛奶带上飞机？

电影《人在囧途》中有一个爆笑的片段，就是其中的挤奶工牛耿第一次坐飞机，在柜台登记时被工作人员告知其携带的一大桶牛奶没办法带上飞机，紧接着他做出了惊人的举动——将一整桶牛奶喝完了。笑完以后，很多人也发出了疑问：为什么不能把牛奶或者其他特殊的东西带上飞机呢？

关于液体和违禁物品的规定，对很多乘客来说是令人惊讶的。

记得有一次，两名70多岁的乘客到了机场，打算回到自己生活的岛上。我向他们询问是否有违禁物品。他们说没有。当他们经过安检时，工作人员发现了一套装有6把刀具的厨房用品，最小的刀长40厘米。当我告诉他们这些东西很危险，是武器时，他们震惊了："可是，它们只是厨房的刀啊！"他们从未将其认作武器。

关于牛奶的问题，你应该知道工作人员试图保护你不受恐怖主义行为的影响。几年前在欧洲，有一位乘客携带了用来炸毁飞机的液体化学物质；也曾有人在牙膏里放过炸药。幸运的是，他们在做出危险举动之前就被检测出来了。

所以乘坐飞机时有携带物品的规定，许多机场都有可以分析容器内部物体的机器。乘坐国内航班，每人每次可随身携带总量不超过1升的液态物品，且须开瓶检查确认无疑后方可携带。超出部分必须托运。酒类物品必须托运。乘坐从中国境内机场始发的国际、地区航班，此类物品必须盛在容量不超过100毫升的容器内，并放在一个容量不超过1升、可重复封口的透明塑料袋中，这样安检人员可以看到。这意味着你拿着的手提行李里面不能装着果酱、自制果冻馅的点心等，但是可以带婴儿牛奶，只是不能超过飞机要求的量。

坏人总是能发现新的方法来伤害公众，航空专业人员必须不断调整他们的政策以应对威胁。我们知道这对乘客来说很不方便，但你肯定想要安全到达目的地，而且你肯定不希望成为报纸上的航空失事者和受害者。

一般带有下列标识的物品被视为危险品，它们可能是易燃、易爆或具有腐蚀性的物品。

危险品的标识

除了危险品以外，航空公司规定不得作为行李运输的物品还有：

·枪支，含各种仿真玩具枪、枪型打火机及其他各种类型带有攻击性的武器，但体育运动器械除外。

·军械、警械。

·管制刀具。

·活体动物，但有特殊规定的小动物及导盲犬和助听犬除外。

·国家规定的其他禁运物品。

重要提示：锂电池可能会着火，而且受到严格的控制。你可以携带小的电池，就像你的相机的备用电池。我们建议你把它们分开包装。有很多关于火灾的事故是与锂电池有关的。

2017年，美国航空禁令升级，禁止携带大型电子产品登机。在你登机之前，先核实一下航空公司最新的规定，我们在写作时的违禁物品不是详尽无遗的，因为规则在不断变化。所以在乘机之前，最好查看一下航空公司的最新规定。

在机场过安检的次数多了，总有被工作人员叫住再检查的时候。一次我在波士顿的机场被安检人员叫住了，理由是我的行李中有可疑物品，物品是一套还未拆封的书，安检人员将书的包装纸撕开，并一本一本翻看，发现并无夹带异样物品才将我放行。还有一次过安检，工作人员要求重新开箱检查我的行李，结果发现是我随身携带的钥匙串上有一把指甲钳，而指甲钳是不能随身带上飞机的，只得取下。

56 过安检时应该注意什么？

安检是我们遵守的所有程序和规定，以确保没有人干涉航班、基础设施、车辆或与航空运输相关的人员的安全。

关于机场安检和违禁物品的问题，机场工作人员会确认你没有携带任何不安全的东西。如果你不希望你那昂贵的法国香水、精美的瑞士军刀或者尖锐的艺术品等被误当作危险物品扔掉，那么在柜台登记的时候就应该把它们放在托运行李里。注意大件电器中的锂电池要托运，充电宝需要随身携带。打火机无论是随身携带还是放在行李里托运，都是不允许的！

现在市场上的商品琳琅满目，我们可以见到宝剑形状的优盘、锤子形状的充电宝、子弹形状的瓶瓶罐罐……如果你不想过安检的时候被拦下来给自己徒增烦恼，那么就把这些新鲜的小玩意放在家中，或者托运、快递了吧。

准备安检时，我们要备好身份证件。因为到了检查区要先进行身份证、登机牌、飞机票的核实，当然出境的乘客还要出示相关的护照或通行证，检查合格后，检查的人员会给你盖章，然后进行行李物品检查。

很多年前别人告诉，我出门的时候默念四个字"伸手要钱"，"伸"乃"身"，指身份证件，"手"是手机，"要"指的是"钥匙"，"钱"即钱包或者现金。现代社会用手机支付比较频繁，很多人出门都是"身无分文"，但是出境的时候一般会兑换一些外币带在身上。所以，出门的时候可以用"伸手要钱"来提醒自己别落下重要东西。另外，最好带一个随身包把这些物品装好，这样不至于到了安检口才开始手忙脚乱地找证件。

在对自己的行李物品进行检查时，需要把笔记本电脑、平板电脑等电子产品单独拿出来放在一个筐子里。如果带了充电宝，记得把充电宝也取出来。如果你穿的鞋子或系的皮带有金属成分，那么也要取下来放在筐子里进行安检。

检查完物品后，过安检时还要对人身进行检查。过安检门之前，乘客需要将身上的所有金属物品拿出来放在安检的框子内，这些物品包括手机、钥匙、裤带、手表等。如果你戴了帽子，可能也需要脱帽再过安检门。建议不要穿有太多金属扣、大的金属皮带扣、金属配饰等的衣服。

好了，现在人身检查完毕，毫无异样，可以拿着行李物品登机了。

○ 57 过安检时，为什么要把笔记本电脑单独拿出来？

在机场过安检，一般是检查下列几项：

证件检查。检查人员要对每个旅客的飞机票、登机牌、身份证进行检查核对，并在登机牌和随身携带物品的行李牌上加盖查验印章。所以旅客应提前把机票、登机牌和身份证准备好，并主动把随身携带的物品交给检察员盖章。

行李物品检查。旅客应把随身携带的行李物品放在检查仪器的传送带上进行检查。仪器检查对人体、照相机、胶卷、食品等均无损害。冬季，旅客还应把大衣脱下来放在传送带上。

人身检查。凡乘坐飞机的旅客，必须通过安检门进行人身检查。

在行李物品检查时，我们通常会听见工作人员说，把电脑拿出来，单独放在一个筐子里。

这是为什么呢？

其实不只是笔记本电脑，还有平板电脑和相机等物件也要拿出来，这是因为这些电子产品内部结构复杂，较易改装，且大多是金属物品，很容易干扰 X 光安检机对其他物品形状的判断，而且也出现过利用笔记本电脑藏匿其他物品带上飞机的情况，包括打火机、手机、毒品、刀具等。因此，我们在乘坐飞机的时候，这些电子产品都要单独安检。

注意：安检结束以后，别忘了把你的电子产品装好带走。

○ 58 飞机座位哪儿更安全？我可以自己挑选飞机座位吗？

在我开飞机的那些年，常常有人问我飞机的哪些座位最安全，可是亲爱的，我看到许多人在公共汽车里坐着没有安全带的座位，甚至站着；我还看到许多人骑着自行车，没有戴头盔。你问我飞机上哪个座位最安全？这是一个让我恼火的问题，好像坐飞机很危险似的。

不少乘机攻略总结过飞机后部是最安全的，甚至还流传着飞机座位安全比较图，其实这些说法都不具科学性。商业航空每年只有很少的事故发生，因此，飞机上每个座位都是安全的。

我们看过太多的例子，在飞机飞行过程中出现紧急状况时，是机上人员出色的表现挽救了乘客的生命。很多情况下，如果乘客听从机组人员的命令，都可以迅速撤离。

如果你问飞机上哪个座位比较好，那么以下建议会有用。

首先，让我们看看你的喜好是什么：你喜欢坐在靠窗的位置吗？你喜欢坐在前排的位置吗？发动机的噪音对你来说影响大不大？你介意不介意你的邻座有婴儿？

大多数乘客在自行选位时，往往会选择飞机的前排，因为可以在降落时第一时间下机，减少等待的时间。

但许多空姐偷偷透露，坐在越后排，服务会越周到。因为机舱的厨房大多在飞机尾部，餐点准备作业也几乎都是从那边开始，你可以多要到一些甜点、巧克力、饮料，甚至枕头或牙刷。

如果想要风景好的话，靠窗的位置比较不错，同样，阳光、云彩与景观的结合，也会产生有趣而美丽的摄影作品。

在飞机靠窗的座位上欣赏日出

如果你有大长腿的话，可以坐在紧急出口处，在那里没有视频屏幕挡在你的面前，你的桌子可能也比后面的更小。但是同时你要承担一定的责任。由于紧急出口处的空间较大，有些航空公司现在也对这些位置进行收费了。

如果希望颠簸小的话，选择靠近飞机重心处的位置，一般在机翼中段附近（上下颠簸相对较小），靠走廊（左右摇晃相对较小）。不过这个地方一般是翼吊式发动机的安装部位附近，噪声略大。

如果你想在长途飞行中拥有安静的环境，不要选择靠近飞机后部的舱壁的座位，那儿靠近厕所，会有很多人在整个飞行过程中来来去去。

如果选择靠走道的座位，你可以在座位上坐着，偶尔也可以在走道上伸伸腿。

如果你不是独自旅行，确保航空公司不会把你和你的家人或朋友分开。最近有一两家航空公司在分配座位时，甚至把父母和他们的小孩分开，从而导致了许多问题。

接下来就是怎么提前选座位。

上网浏览那些有飞机详细信息的网站。有一些订票网站会显示你想乘坐航班的机型与座位图，你可以根据喜好选择你的座位。很多航旅 App 也可以提前选座。注意，你是在预订机票的时候这样做的，而不是在到达机场的时候。另外，如果你购买的是廉价航班，则可能需要为提前选座付费。

如果你英文比较好的话，还可以浏览浏览 Seat Guru 网站，可以通过选择自己打算乘坐飞机的航空公司及航班号来查看座位分布。

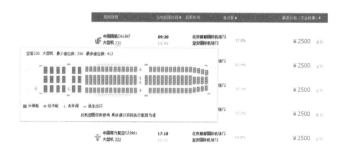

订票网站上显示的机型与座位图

Seat Guru 大型客机座位分布

　　细心的读者可能会看到，这里的座位有不同的颜色。不同的颜色有不同的意思。绿色表明这个座位非常值得选择，黄色表明座位有一些缺点，红色则表明最好不要选择这些座位。具体点击之后，会有提示。比如，最左边第一排的黄色座位因靠近商务舱的吧台，可能会非常吵，影响你的休息，而且带有婴儿的乘客通常会坐在那些位置。最右边一排红色座位则因靠近厕所所以非常吵，也不建议选择。

○ 59　经济舱和头等舱有什么不一样？

　　航空公司对客户的需求非常敏感，根据飞机的大小和飞行的时间，飞机上一般有经济舱、商务舱和头等舱三大类舱位，但是，并不是所有飞机都设有头等舱。他们知道有些乘客愿意为舒适的乘机环境支付高昂的费用。在某些航空公司的头等舱，可以找到淋浴及独立的空间，座位可以变成床。对于那些有坐飞机去工作需求的人来说，商务舱有既宽敞又舒适的座椅。经济舱最便宜，但是座位狭窄，腿部空间有限，而且机上服务会减少到只有基础服务部分或者更少。

　　为什么乘客会有更多要求？

　　让我们来回顾一下乘坐飞机的乘客：

　　（1）每年飞行一次或更少的游客。这些乘客可以在飞机上坐上几个小时。与在陆地上乘坐火车、轮船和汽车相比，在大多数情况下，坐飞机是更舒服的，因为机上的座位更柔软，有免费供应的食物和饮料（当然这是包含在机票中的）。如果乘客在经济上要拮据一些，那么经济舱是更合适的选择。

　　（2）商务人士。想象一下，你不得不匆忙赶去地球另一边参加会议，或者你一个月要坐几次长途航班。当接你的车到机场催促你去参加紧急会议时，你想处于最佳的状态，那么在飞机上睡觉将会大有益处，所以金钱并不是选择座位或航空公司的决定性因素。你将会选择一个有良好记录的航空公司，它在对待乘客方面有着良好的声誉，同时这个座位要比经济舱的座位舒适得多，而且可以享用一顿大餐。吃完饭后，你就能睡得比较舒服。少数航空公司因其提供的特殊服务而闻名于世，很明显票价与经济舱的价格不一样。

空客 A380 通往头等舱的阶梯

○ 60 宠物可以带上飞机吗？

我们最近看到越来越多的新闻报道：金毛犬在飞机

托运过程中死亡，钢丝笼被咬破；托运的宠物狗在机场被打成重伤，身上千疮百孔……那么，我可以把宠物带上飞机吗？

首先，这取决于你的宠物是什么，是一条鳄鱼、一条蛇，还是一只温顺的仓鼠呢？

关于乘飞机成否可以携带宠物的规则和规章，大多数航空公司采用 IATA 的建议。

中国民用航空局颁布的《中国民用航空旅客、行李国内运输规则》规定，小动物是指家庭饲养的猫、狗等玩赏宠物。野生动物和具有形体怪异或者易于伤人等特性的动物，如蛇等，不属于小动物范围，不能作为行李运输，但是可以作为货物运输。同时，托运人所托运的活体动物为国家禁运的动物的不予托运。所以根据规定，宠物是不能带上飞机的。

如果带宠物去国外旅行，你必须提供你所在国家和目的地国家所需的文件。你需要随身携带你的宠物接种疫苗的证明，有保险，并核实你的目的地的规定。大型动物也必须像托运行李一样进行托运。要知道，航空旅行对动物来说是很有压力的。因为飞行时间对它们来说很长；它们在飞行的过程中得不到任何水或食物；机场工作人员也没有受过专门照顾宠物的训练……

此外得特别说一下以下两种动物。

（1）猫

猫有敏锐的平衡感，当气压在飞行中快速变化时，特别是在下降时，会让猫产生应激反应。几年前，有报道称有猫进入驾驶舱，导致飞行员受伤。所以把猫带上飞机是一种比较危险的行为。

猫由于应激反应会变得失控。有一次在航班上，我亲眼见到一位老太太被她的宠物猫抓伤了脸。但是她也算幸运，由于她戴着眼镜，所以没怎么伤着眼睛，可还是流了不少血，在飞机着陆后立即联系了相关医护人员。

（2）特殊服务犬

这些狗都是训练有素的狗，非常安静。在发达国家已越来越普及的导盲犬，对于中国来说也不算新生事物了，很多航空公司为导盲犬上飞机开了"绿灯"。相关规定称，"导盲犬、助听犬的运输须事先提出，符合运输条件并经同意后，可由盲人或聋人旅客本人带入客舱运输。导盲犬、助听犬可免费运输，不计入免费行李额"。

○ 61　刚做完手术能坐飞机吗？

这个问题比较复杂，请最好询问一下相关的医生。然而就经验来说，术后不久就坐飞机不是十分明智。海拔的变化导致气压的变化，可能会影响伤口处的血管功能。不同手术类型也不一样，如果你有特殊需求或要求，应该在预订航班之前咨询一下航空公司。如果你需要轮椅协助，应按照每个航空公司的流程标准进行申请，在航程开始之前尽早提出要求。

现在这种情况越来越多地交由专门从事这项服务的公司处理。如果服务不好，航空公司不需要承担责任。

现在我们讨论一下可能需要医疗帮助或者特殊帮助的乘客的情况：

（1）装有心脏起搏器的乘客

有观点认为心脏起搏器可能会受到 X 射线 / 安检装置的影响，从而导致故障。航空公司和安全服务部门已经意识到这个问题，标准程序已经到位。你应该在乘坐航班之前通知航空公司。当你到达安全检查点时，可能需要出具一份医疗文件以证明体内植入了心脏起搏器。安检人员会让你经历一个特殊的过程：不通过 X 光机。

（2）带有氧气发生器的乘客

有肺部疾病的乘客可以携带便携式氧气发生器，但是他们应该知道电池的类型和功率，因为航空飞行对乘客携带的电池有新的限制，例如锂电池。如果你属于这种情况，请在出发前与你的航空公司工作人员联系，我们建议你随身携带设备的技术规格说明书。

（3）有糖尿病的乘客

只有在你可以提供医疗证明的情况下，才允许你携带注射器注射胰岛素……为了在旅行中不出现问题，建议你将情况告知航空公司，协商解决。

（4）超大体形的乘客

你应该知道，飞机座位的大小不能调整。如果你太高，你应该提前预留座位，选择靠近出口的地方，有足够的空间来伸展你的腿。请注意，有些航空公司会对这些座位收取额外的费用。如果你的座位太窄，你可以购买额外的票来容纳你的身体。一些航空公司正在改善这些乘机体验。对于身材非常庞大的乘客，航空公司可以提供安全带延伸服务，但需要事先沟通，而且这些扩展的大小是有限的。

○ 62　孕妇能坐飞机吗？

　　这几年，在飞机上生下宝宝的新闻已经不是什么新鲜事了，比如说某年，一名中国台湾的孕妇在 9000 多米高空的机舱里产下女婴。当时这架航班正从巴厘岛飞往洛杉矶，起飞 6 小时后，女乘客突然告知空乘人员她即将临盆，机组向机上乘客求助。飞机上一名医生帮忙接生了这个早产8周的宝宝。看到这样的新闻，人们不禁发问：怀孕了还能坐飞机吗？要是飞机上没有医生呢？

　　怀孕期间乘飞机旅行一般不会有麻烦，但建议你在乘机前去询问一下医生，以确认没有问题。

　　对于一个健康的孕妇来说，孕期的大部分时间里都是可以安全坐飞机的，但是一般建议准妈妈们在妊娠中期（怀孕后的第 14~27 周）坐飞机，因为这一阶段妈妈们的怀孕状况已经比较稳定了。怀孕初期不能坐飞机主要是因为飞机在起飞和降落的过程中，气压会对胎儿有影响，但是一般来说这种影响并无大碍。或者飞机在飞行中遭遇剧烈的颠簸，那么这个时期胎儿的生长发育还不稳定，容易发生流产。如果孕妇体质不佳，气血不足，本身就有流产的危险，那么坐飞机就会存在危险。而在孕晚期，一些突发情况，比如子宫收缩、早产等是这个阶段随时可能发生的，所以我们会看到那么多在飞机上产子的新闻。

一旦出现意外，飞机上可能会缺乏医疗设备，没有医疗救助。在飞机到达目的地前，可能需要花费很长时间在一个陌生的国家或地区寻找合适的医院。所以航空公司会在怀孕期的 28 周左右设定一个限制，有的航空公司则把时间限制定在 32 周，具体还要看各航空公司的规定。怀孕超过限定时间的孕妇乘机，则应提供医生的诊断证明，如果没有这个医疗证明，孕妇可能会被拒绝进入飞机。如果怀孕达到 36 周，就不允许乘坐飞机了。

所以孕妇如有出行打算的话，尽早询问你的妇（产）科医生和航空公司吧。他们会特别提醒你乘机时，应把安全带系在大腿根部位置。航空公司也会尽可能将你安排在便于乘务员照料的座位上（除了出口处的座位）。

○ 63 刚出生的婴儿能坐飞机吗？

在某些特殊情况下，婴儿在刚出生没多久就需要乘坐远程的飞机。刚出生的婴儿能乘坐飞机吗？为确保飞行安全，根据民航局颁布的各机型旅客载运数量安全规定，每类机型每条航线的婴儿旅客载运数量均有不同的载运标准。为确保乘客和孩子顺利出行，一般需要乘客在订座或购票的同时，向客票销售人员提出婴儿乘机的需求，在其确认符合该航班婴儿载运数量标准后，可为乘客及婴儿同时填开客票。

航空公司规定婴儿必须在出生满 14 天后才能登机，但是各大航空公司对早产儿乘机又有不同的规定：有些航空公司规定出生超过 14 天的早产婴儿必须出示"病情诊断证明书"；有些对不满 90 天的早产儿不提供航空运输服务。如果宝宝出生超过 14 天，目前无任何疾病表现，应该可以乘飞机。在机场安检的时候，只要满 1 周机场就放行了。

在乘机时，婴儿不宜吃得太饱。在飞机快速升上高空和着陆时，可对婴儿喂奶或水，吸吮活动令耳膜畅通，一来可补充水分，二来可令耳膜因此得到活动，取得鼻咽腔和中耳腔之间的气压平衡。

飞机起飞和降落时，压力急剧变化，这是婴儿最难适应的时刻。显而易见，减少飞机的起落次数也就降低了孩子的危险系数。因此，最好选择能够直达目的地的航班。

另外，要是父母不想一直抱着宝宝的话，建议携带婴儿背巾或者婴儿背带，或者预订婴儿摇篮，当然也应按照儿童票给宝宝购买座位。每架飞机上的婴儿摇篮座位是固定在不同舱位的墙上的，所以数量有限，需要提前给航空公司打电话预订。有的航空公司仅限在国际长航线（飞行时间超过 6 小时）上免费提供该项特殊服务。

○ 64　未成年人可以独自乘坐飞机吗？

随着现代社会的发展，小小留学生越来越多。未成年人单独乘机的需求也越来越多。未成年人是否可以单独乘机呢？答案是肯定的，有时未成年人单独乘机情况会成为航空公司面临的一个不小的挑战。若孩子乘坐的是国际航班，那么情况会更复杂。比如俄罗斯、法国、南非等国家，要求凡未满 18 周岁的乘客出入境时须出示额外的旅行证件。

在过去的几年里，我看到了一些航空公司的规定，要求年龄在 18 岁以下的孩子必须随身携带自己的护照，即使是在国内航班上也要携带。我还看到，孩子们可能需要父母授权他们与非监护人一同前往海外目的地。

大多数航空公司接受孩子独自旅行，但通常伴随着一些限制，一般包括限制的年龄、无人陪伴服务是否是强制性的等等（见下表）。

某航空公司的"无人陪伴服务"规定

无人陪伴儿童年龄	无人陪伴服务	如何预订无人陪伴儿童的机票 / 申请无人陪伴服务
未满 5 岁		不得作为无人陪伴的儿童单独出境
5~12 岁	强制性	如要进行预订，请联系当地航空办事处，然后下载并填写申请无人陪伴服务表格
12~18 岁	非强制性	若要为无人陪伴的儿童预订机票并申请服务，请联系当地航空办事处预订机票，然后下载并填写申请无人陪伴服务表格。此项服务可能会收取一定费用

但是每个航空公司的规定都有所差异，还需与之确认。比如说有的航空公司还会规定，5~12岁独自乘机的儿童必须办理"无人陪伴"手续，但只能乘坐直达航班，有的则干脆不提供无人陪伴服务，所有儿童都不能单独乘机。

在你让你的孩子独自飞行之前，你需要做的事情是:

（1）一定要让你的孩子做好心理准备，以确保他在飞行过程中不会哭闹。

（2）陪伴孩子直到登机，给孩子最大的安全感，并给孩子解释清楚登机手续办理流程。

（3）多对比几家航空公司，选择服务最好的那家。

（4）联系你的航空公司，确认在规定和程序上没有变化。

（5）确认你的出境和目的地机场的法律和法规没有改变，请与当局核实，可以咨询一下移民服务中心或大使馆。

（6）记录相关工作人员的联系方式，以便了解孩子在乘机过程中的情况。

需要注意的是，为确保航空安全，每个航班可接受的无人陪伴儿童旅客的人数都有限制，一般为3~5人，有的可能会多一些。如果购票时，家长未提出办理无人陪伴儿童服务的申请，如当天需乘坐的航班无人陪伴旅客人数已达到上限，航空公司将不会接受申请。具体情况，要以各航空公司的通知为准。

一次，一名家长将其12岁的孩子交给某航空托管，计划乘飞机由上海前往英国伦敦，谁料孩子在起飞前被机组人员"逐出"飞机机舱，独自一人留在机场等待父母来接。该航司给出的解释是，公司规定每个航班上最多接待8名无成人陪伴儿童，航班上受托管的孩子超过了限额，而这个孩子在办理登机手续的顺序上是最后一个。航空公司称："我们本应在乘客值机时就发现这一情况，并及时告知乘客及其家人，待乘客登上飞机后再行通知是非常不妥当的。"

○ 65　未能及时赶上值机或者错过了登机怎么办?

　　生活中意外太多,你乘坐飞机迟到了,还以为飞机会等你? 不要天真了! 飞机不是普通的公共交通工具,在旅客、货物的数量和重量确定后,为了保障在空中的安全,必须对飞机的重心平衡、座位安排、货物装舱进行细致精确的安排,这就要求在航班计划起飞前的 30 分钟准点停止办理登机手续,因此飞机是不会等你的! 即使办理完登机牌,也可能会被取消该次航班行程。或者你觉得你的行李也已经托运好了,飞机一定会等你。事实上,误了登机时间,行李也会被"扔出来"。

　　如果因为一些小事误机了,以下哪些行为是我们可以做的呢?

　　打电话给客服,让飞机等我 10 分钟,我马上就到机场。

　　"会哭的孩子有奶吃",大闹机场,这样工作人员为了平息事件就会让我上飞机了。

　　谎报该航班上带有炸弹,这样机上人员需要花时间排查,那么肯定会延迟起飞,这样我就能来得及赶上飞机了。

　　我有急事,必须坐这班飞机,我应该勇敢冲过安检点、冲上登机桥,要是飞机已经开始滑行了,我也能冲到飞机前阻拦一下，这样他们总会给我开舱门吧。

不好意思，以上行为都不能做，而且很荒唐。可是在现实生活中，这样的例子却屡见不鲜。

为了不误机，我们在前面的章节已经提醒过很多次，一定要提前到达机场，国内航班至少提前 2 小时，国际航班至少提前 3 小时。一定要算好路上时间，你来机场的路上是不是处于早晚高峰期间，这些意外都得思虑周全。当你抵达机场后，应尽早通过查看机场的显示屏、问询工作人员等方式，寻找到值机柜台或自助值机设备。现在很多航空公司都会利用网站、微博及时公布航班动态信息，不妨多留意。如果你晚到了，去找一找紧急柜台吧，你还可以向机场方面如实说明晚到的原因，万分紧急下机场值机人员会酌情在你的登机牌上加盖"优先安检"章，凭此章旅客可优先从头等舱通道安检登机。如果需要插队，注意保持礼貌，请向排在前头的旅客耐心解释。

若是误机发生在航班起飞后，那么请根据相关规定去办理退票和改签，不同的情况收取的费用也不同。如果你在行程前已经买了保险，或者你的信用卡提供误机保险等，那么你还会得到一笔赔偿金。

有一次，我在伦敦出差，回程从希思罗机场走，是下午3点多的航班。由于住在市中心交通很方便，所以我打算搭乘直达机场的火车前往，车程差不多30分钟。因为是国际航班，得预留充足的时间，所以我中午12点就前往火车站乘车。谁料火车站很大，有不同的站台，有去往不同目的地的火车，有去往同一目的地的快车、慢车，而我的车票上也并没有标明车次和应该在哪个站台等车……找不到车的我开始四处询问，车站里的工作人员也很忙碌，他们给我指的方向各不相同，我在车站奔跑着，最终找到了车。上车坐定以后，以防万一，我又问了坐在旁边的人是不是去往机场的快车，让我崩溃的是他竟然回答说"不是"，他说在对面，于是我又慌慌张张地开始奔跑。几分钟后，我才满头大汗地坐在去往机场的快车上。再看看时间，1个小时竟然过去了，幸亏我预留的时间充足，不然可能就要体验一把误机了！

○ 66 为什么飞机会出现延误？

说到延误，很多乘客可能都会有很多故事可以分享，或者说有很多苦水要吐。为什么常常听到飞机出现延误了，为什么我们不能准点出发、准时到达呢？

延误是指航班降落时间比计划降落时间（航班时刻表上的时间）延迟 15 分钟以上或航班取消的情况。延误的原因很复杂，但是通常是因为下列情况。

（1）气象原因

很明显，如果机场起飞或抵达的跑道因恶劣天气原因关闭，飞机将无法按时到达。从旅客角度来看，天气恶劣就是指大风、大雨、大雾等，飞机就可能无法起降，航班就要延误。实际上气象原因包含了很多种情况：出发地机场天气状况不宜起飞；目的地机场天气状况不宜降落；飞行航路上气象状况不宜飞行；等等。

（2）空中交通控制

许多原因可能需要空中交通管制，在前文我们说过多种情况，在旅客看来，目的地机场似乎一切正常，其实存在着流量控制，只不过普通旅客看不出来。

（3）机械故障

旅客临上飞机或上了飞机后飞机出现故障不得不下飞机等待，有时候飞机起飞后才被告知飞机出现故障不得不返航或就近降落，这样的事情都偶有发生。如果飞行员认为有危险，他们会立即返回陆地，并检查可疑系统。这是为了乘客的安全，所以可以理解，对吗？

（4）乘客的原因

造成航班延误的原因多种多样，有的属于不可抗拒的自然因素。值得重视的是，一些人为因素已成为造成航班延误的"新的增长点"，比如说晚到的乘客、在飞机上生病的乘客、向飞机发动机抛硬币的乘客等。

（5）其他原因

飞机延误的原因可能还包括航空公司的调配、恐怖袭击等。延误问题的产生有时出于外界不可抗力，有时也出于人为因素，问题的解决需要航空公司的诚意，也需要旅客的理解善待，更需要社会各界的包容。

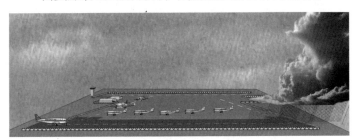

飞机在停机坪上等待起飞

○ 67 飞机出现了延误、取消等意外情况，乘客该怎么办？

生活中，总会有一些意外发生。在你感到沮丧之前，你需要知道航空延误或者航班取消的原因是比较严重且复杂的。航空公司致力于飞行的安全，没有一家航司愿意航班延误，也没有一家航司在延误后不努力想办法补救。

相关规则规定，航空公司必须在一定的延迟时间内为乘客提供食品和饮料，以照顾他们的乘客。但请记住，如果许多航空公司同时发生延误，那么就很难有食物，甚至对所有人都是如此。这就是旅行时要多带一瓶水和额外的零食在你的行李里的原因。

注意，航空公司通常在航班延误时通知乘客，而且他们不需要给出解释，但是他们应告诉乘客延误会持续多长时间。在此，我们给出一些遇到飞机延误时的小贴士。

（1）及时要求改签其他航班。

（2）要求提供餐食（处于用餐时间）与住宿（延误6小时并晚至凌晨0点后）。

（3）向航班延误保险的承保人要求赔偿（在符合条件时，一般为延误4小时以上）。

（4）向承运的航空公司要求赔偿（在符合条件时，一般为延误4小时以上）。

（5）不可罢乘、霸机，否则可能导致受到警方的治安处罚。

如果你提前买了延误保险的话，那么你将可以获得一笔赔偿。

2010年，一座火山的灰烬覆盖了西欧的天空，使空域关闭了10天。我想坐火车从另一个机场出发，但别人跑得更快，我没能买到票坐上火车。我试着租一辆车，再一次，我的行动落后于他人。值得庆幸的是，我在机场附近找到了一个地方，住了12天，还有很多乘客只能滞留在机场。在这种情况下，有成千上万名乘客被困，没有人有更好的解决办法。当你看到特殊情况发生时，做出决定的速度越快，就会有越多的机会获得解决方案。

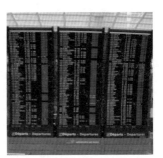

巴黎机场的航班因火山灰遭全面取消

○ 68 那些在机场闹事的乘客怎么样了？

生活中我们听说过"医闹"，这已经是约定俗成的一个词，那你知不知道什么叫"机闹"？顾名思义，就是在机场闹，在飞机上闹。"机闹"事件屡见不鲜，在网络上搜索"机场闹事"，会看到许多新闻："香港机场，一对内地夫妇因航班延误，打砸国泰航空的柜台，并向工作人员泼汽水，妻子更涉嫌推倒一名警员"，"某日武汉女乘客张某因迟到误机，情绪失控，居然3次掌掴柜台工作人员"……

众所周知，机场是特殊的公共场合，对秩序有着极高要求，有序才能带来效率和安全。与此同时，机场的秩序又极易受到各种因素干扰，天气因素属不可抗力，当遇到延误、航班取消等一系列事件时，也有乘客在机场上演了不少打砸柜台、追打工作人员等戏码。

乘客们的行为为什么如此不理性？原因之一是航空公司错误的解决方式，这个原因解释起来比较复杂，可以举一个例子来看。某年，昆明机场因为天气原因导致航班延误，30多名乘客冲到停机坪"讨说法"，造成该机场数个航班延误。最初这些乘客不但没有受到治安处罚，还得到了一笔赔偿金，直到事件引发社会高度关注，半个多月后，其中6人才受到行政拘留及罚款。

在国外，当旅客开始失控时，没有人知道他会变得多么危险。所以必须采取行动，尽量减少风险。有些国家把那些会使其他乘客置于危险之中的人列入"游客黑名单"内。这个黑名单的存在让航空人员相信他们受到本国法律的保护，这也是对不良行为的威慑。将乘客列入黑名单的过程由执行这些程序的国家的规则来规定。

所以，旅客"机场闹事"既不文明，也是违法行为，更对社会产生了很坏的影响。那些因非正当理由在机场闹事的乘客除了受到道德谴责以外，可能还会受到法律所惩戒，甚至会被列入"游客黑名单"，对其进行失信惩罚。

○ 69　身份证件丢了可以坐飞机吗？

首先，在我国，没有身份证件一般是不可以坐飞机的。根据民航总局的有关规定，有效乘机身份证件的种类包括：中国籍旅客的居民身份证、临时身份证、军官证、武警警官证、士兵证、军队学生证、军队文职干部证、军队离退休干部证和军队职工证，港、澳地区居民和台湾同胞旅行证件；外籍旅客的护照、旅行证、外交官证等；民航总局规定的其他有效乘机身份证件。像结婚证、驾驶证这类则是无效的。

如果你没有以上有效证件，那怎么办呢？

到户籍地派出所开出户籍证明。现在的户籍证明都有标准的格式，同时有相片复印件在上面。凭户籍证明可以办理登机手续。如不在户籍地，可以直接到机场派出所，出示自己的相关证件，然后说明情况，报出自己的身份证号，待派出所核实后，由机场派出所开出证明，凭证明办理登机手续。注意，临时身份证明应加贴本人近期照片并加盖当地公安局机关户籍专用章，并注明有效期。对持民航公安机关出具的"乘坐民航飞机临时身份证明"的，在有效期内予以放行。

如果你是未满16周岁的未成年人，可凭学生证、户口簿或者户口所在地公安局出具的身份证明。12岁以下的儿童，凭半票或者十分之一客票，免验身份证件。

其实就像坐火车、坐汽车一样，丢了身份证件都是一件麻烦事，所以还请"马大哈"们细心一点，收好自己的证件吧。

第五章

飞行进行时

○ 70　飞机起飞和降落时,为什么要调直座椅背、打开遮光板?

　　每次坐飞机时都会听到空姐说："飞机很快就要起飞了,现在由客舱乘务员进行安全检查。请您坐好,系好安全带,收起座椅靠背和小桌板。"在飞机快降落时又听到:"飞机正在下降。请您回原位坐好,系好安全带,收起小桌板,将座椅靠背调整到正常位置。"这是为什么呢?

机上关于打开遮光板的提示

175

飞机起飞和降落的时候，打开遮光板会起到以下作用：

（1）提供辅助的采光。如果应急出口灯及客舱照明因为某种原因不能使用，乘客可以利用通过客舱窗照射进来的光线撤离，防止在黑暗中发生拥挤、踩踏等情况，使后果恶化。

（2）便于舱外的营救人员观察内部状况，进行施救。

（3）便于乘客选择逃生路线。飞机在水上迫降时，可能飞机一侧是陆地，一侧是海水，便于空乘指引乘客在安全的一侧撤离飞机。

（4）如果发生爆炸、起火，乘客撤离前可以通过窗户观察，以避开火源和浓烟。

至于调直座椅靠背，主要是因为如果发生事故，机组人员可能会要求你按照安全卡上的说明进入"准备撞击姿势"，就是成人旅客要前倾，头贴到膝盖，双手抱住腿，两脚平放在地面。如果你的座位不直，你身后的乘客将没有足够的空间做好这个姿势。

○ 71　飞行过程中舱门能不能被打开？

好莱坞大片常有这样的镜头：飞机舱门突然在空中

开了，很多人一个个被吸出了飞机。我们也常常能看到一些新闻，比如说"90后男子误开飞机逃生门遭航空公司索赔2.7万元"；"杭州飞南宁航班高空漏气，乘客误开应急舱门"，机长在9000米高空发现飞机漏气，后紧急返航。国际航班也发生过这种情况，比如加拿大航空的一架飞机执行多伦多至香港的飞行任务，起飞后不久机组发现货舱门打开指示灯亮，怀疑货舱门在空中开启，之后机组做出返航决定，最后飞机安全降落。

那在飞行过程中，舱门能不能被打开呢？

我们看过空中跳伞的表演，飞机到空中打开舱门，飞行员出舱门往下跳，所以理论上，飞机舱门当然能够被打开。那我们为了想呼吸一口新鲜空气就能随意打开飞机的舱门吗？答案是否定的。

因为机舱内的压力与外界的压力是不同的，在空中打开舱门不但会使客舱突然失压，而且高空氧气稀薄，人有意识的时间也会非常短，这对于飞机驾驶和乘客安全来说都是非常危险的。所以除非紧急情况，一般企图在飞行中打开舱门的行为会被认为是犯罪。

现在飞机上通常会有防范措施，避免普通的旅客或者乘务员误开舱门。而且飞机飞得越高，飞机内外压差就会越大，就算解除了飞行锁定的安全系统，一个人想推开高速飞行的飞机舱门的难度，与你想打开没有释压的高压锅盖的难度一样，并且一动手柄，会马上触动舱门的报警指示系统。

千万别擅自尝试!

紧急出口处的舱门

○ **72 机组人员在飞机上有没有权力逮捕乘客?**

在信息越来越畅通的今天，我们也看到了乘机百态，比如说"中国乘客飞机斗殴致返航，闹事者已被逮捕并拘留""西雅图飞北京航班头等舱乘客袭击空乘被逮捕""中国父亲纵容熊孩子飞机上骚扰乘客，下机直接被 FBI 逮捕""乘客飞机上做瑜伽被劝阻，威胁空乘和乘客遭逮捕"等各种新闻。

诸如此类的新闻让人不禁发问：为什么乘机时有这么多被逮捕事件？机组人员在飞机上有没有权力逮捕乘客?

首先，机组成员接受的是飞行或照顾乘客的培训；其次，他们不是警察。我们看到的大多新闻中实施逮捕行为的是警察，通常机组人员只是劝说其遵守机上规则或者下飞机。

由于越来越多的乘客有了暴力行为，航空公司和国家已经落实了保护航空的安全措施。现在许多国家已经在飞机上配备了安保人员。这些人员通常不是由航空公司雇用的。

所以当特殊事件发生后，机上工作人员可能会请乘客下飞机，如果乘客拒绝配合，那么他们将联系警察，警察将尽快赶到现场去处理。

○ 73 为什么当飞机起飞和下降时，我的耳朵会觉得很不舒服？

大气压力随高度升高而降低。在3000米的高度时，机舱内的压力较小，容易导致人缺氧，所以飞机在高空中飞行时会进行加压，以便让乘客正常呼吸。如果机身发生泄漏，乘客必须立即使用氧气面罩。在这种情况下，飞行员会将飞机迅速往下降，直到达到自然的、安全的、可以呼吸的高度。

说到耳朵，在人体的外耳和中耳之间隔有一层耳膜，此膜受到声波的撞击时产生振动。振动经耳膜内侧的听小骨、耳蜗和听神经传达到大脑。当飞机上升时，外界气压降低，这时你可能会感到耳膜有轻微的鼓胀感；而飞机下降时，外界压力逐渐增加，此时你可能会觉得耳膜有被压迫感。所以有时会出现耳朵不舒服、耳鸣等症状，严重的还会有耳痛感。

如果你感到疼痛，你可以多吞咽几次口水、打打哈欠、嚼一嚼口香糖，或者使用潜水员经常使用的小窍门：捏住你的鼻子并且使劲地吹，直到你感到耳鸣声。这样的方法通常是立竿见影的，但在飞机下降时你可能要多做几次。

○ 74 坐飞机时身体会有变化吗？

航班飞行过程中身体不会有变化，但有几个因素会影响其功能：

（1）当你长时间坐着时，血液不能正常流通，腿可能会变得沉重。我们已经在之前的问题"坐飞机时如何穿着会比较舒适"中讨论了这一点。

（2）飞机在高空飞行降低了空气压力，但是机舱内会加压，这可能会让你觉得不能像在地面上一样轻松地呼吸，特别是如果你对空调过敏，或者有呼吸方面的问题，但一般不会带来特别严重的影响。最好在坐飞机前咨询你的医生。

（3）机舱内的空气比地面上的空气干燥，所以你会觉得容易口渴，这时应该比平时喝更多的水。

（4）如果你有幽闭恐惧症，你应该为此做好准备。

所有这些因素都会让你在飞行中感到不舒服。为这些可能引起不舒服的方面做好准备，或许会改善你乘飞机旅行的体验。

○ 75 坐飞机时容易复发疾病吗？在医疗紧急情况下会发生什么？

随着乘客数量的增加，飞行中可能出现的医疗紧急情况也越来越多。很多乘客都很清楚自己的健康状况。有健康问题的乘客可能会在飞行之前去看医生，或者如果他们的健康状况不宜坐飞机，则会避免飞行。但突发状况还是经常出现。

空乘人员大多接受过机上应急培训。但他们不是医生，他们没有处理所有情况的经验和设备。但是也不需要太担心，世界上有这么多的机场，飞行中的飞机距离装备精良的医院通常最多只有一个半小时的航程。如果情况严重，飞行员可以在通过无线电得到医疗顾问的建议后，在最近的机场着陆，以便把病人送入附近医院。

我有一次乘坐长途旅行的航班，在香港国际机场中转时，突然发起烧来，浑身不舒服，甚至因感觉到冷而浑身抖动起来。此时机场的广播不断地播放着"乘客朋友们，如果您有发烧等症状，请及时跟我们工作人员联系"。当时我立即联系了机场工作人员，然后我被告知无法乘坐该班次飞机，并且需要到机场医护室进行检测。检测结果为高烧，所以医生开具了证明，并建议我到当地较大的医院进行更为细致的检查和治疗。

76　空乘人员问我要不要坐在安全出口处，该怎么回答？

我在坐飞机时曾经遇到过好几次空乘人员问，"你愿不愿意坐在紧急出口处"，第一次乘机时我还真不知道怎么回答。但是想着都是座位，而且位置很宽敞，那就答应下来吧。接下来她又递给我一本小册子让我细细看，说能不能帮助她看着，别让人开应急舱门，我才意识到原来坐这个位置还有职责呀!

一般来说,航空公司地面工作人员会锁住紧急出口边的一排座位,不在网上、自助登机机器上公开发放。依据规定,国内航空公司不会把紧急出口座位发放给老人、不足15岁、行动不便、缺乏良好中文语言表达能力、听觉和视觉有缺陷、信息传达能力不佳和照顾婴儿的旅客、孕妇等特殊旅客。因为坐在飞机紧急出口的旅客承担着"应急员"的责任。

(1)紧急出口舱门非常沉,乘客要有足够力气才能打开它。通常情况下,一些年轻力壮、有多次飞行经验的旅客会坐在这类座位。

(2)在飞行和降落过程中,如果发生意外,在机长发出指令疏散乘客时,坐在紧急出口的人应该协助空乘人员,协助其他乘客逃生等。

(3)值机柜台工作人员在为旅客办理应急出口座位时,会向旅客说明出口座位的相关规定和注意事项,并用明确的语言询问旅客是否愿意履行紧急出口座位旅客的职责,同时为旅客发放"紧急出口提示卡"。在得到旅客承诺以前,工作人员不得将旅客安排在紧急出口位置。

(4)如果是国际航班,坐在该座位的旅客也要有能力使用英文与机组工作人员及其他旅客交流。

紧急出口座位旅客须知卡

所以，如果空乘人员问你要不要坐在紧急出口处，那么先要恭喜你，你看起来年轻力壮，值得信任；至于你自己选不选择坐在紧急出口处，则根据自身情况做出回应即可。

○ 77 空乘人员问要不要升舱，该怎么回答？

首先恭喜你，你的运气真的很好，碰到"升舱"这样的好事。你之所以还在犹豫，肯定是不确定"升舱"是免费的还是付费的，对不对？其实，大部分由空乘人员主动提及的升舱都是免费的，所以请放心接受并前往更舒适的位置享受愉快的旅行吧。交换旅行经验的时候，我们发现这些被升舱的故事还真是让人津津乐道呢。

所以本篇着重讨论如何升舱的问题。

起飞后，你可以升级到商务舱或头等舱。

第一种，购买升舱。这是目前为止最容易取得升舱的方法，但也是比较贵的方法。

第二种，免费升舱。

前提 1：商务舱或头等舱有空位。

前提 2：你提出了恰当的要求，比如"隔壁的乘客一周没洗澡了"，座位太窄无法容纳你的"大长腿"，座位前面是一路哭了 3 小时没停的婴儿，后面是练"佛山无影脚"的熊孩子。

前提 3：机组接受了你的要求。

最后，一定要注意态度。

 我还记得一次旅行，飞机不断延误，导致当天航班取消。到第二天出发的时候，我跟工作人员耐心沟通说一定要第二天最早的航班。工作人员说："亲爱的，可是我们的航班都已售完，没有了。"我真挚地看着她说："拜托，拜托，拜托了！"最后她想了想，跟我说："好吧，我们还有最后一张票，还有，你被升舱了，头等舱。"当然，这是免费的！

所以当免费升舱的小概率事情发生时就欣然接受吧。但是注意：别太强求免费升舱。这会让机组工作人员以及你周围其他乘客感到不太舒服。

票务工作人员要处理被影响的上百名乘客，更有可能会对那些耐心的乘客负责。永远不要威胁别人，一定要注意自己的乘机礼仪！事实上，如果对别人太过强迫的话会降低升舱的机会，情况严重的话可能还会面临被赶下航班的惩罚，甚至被逮捕。

○ 78 在飞机上要一直系好安全带吗?

对乘客来说，只要坐着，就最好一直系好安全带。

飞机在飞行中可能会遇到强烈气流，从而造成剧烈颠簸，对乘客和机组成员造成伤害。一般遇到气流时机长都会亮起指示灯提醒乘客返回座位并扣上安全带。可是在紧急的时候也许机长来不及提示乘客，或者你入睡了，那么将听不到系好安全带的呼叫，如果遇到飞机剧烈颠簸，那么可能会让你撞上飞机的天花板或让你跌倒在通道上。

所以给自己最好的保护就是在整段飞行中都扣上安全带，特别是起飞和降落的时候。所以在飞机上你会经常听到空乘人员说："为了你的安全，请系好安全带"，"前方有颠簸，请去卫生间的旅客速速回到座位上系好安全带"，"乘客们请把安全带再系紧一些，因为这次航班忘了带餐车了"，当然，最后一句是笑话。

○ 79 在飞机上可以抽烟吗?

很多有烟瘾的朋友可能都会问：在飞机上能不能抽烟，有没有抽烟区?

答案是否定的。

首先，来自机舱的空气在空调系统中循环，该系统可以过滤悬浮颗粒并调节温度。这样可以让乘客正常呼吸清洁的空气。但是你的香烟烟雾会影响其他乘客，导致其呼吸不畅。

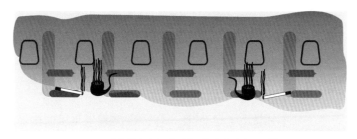

香烟烟雾会影响机舱空气循环系统

其次，香烟烟雾中的碳粒会堵塞过滤器和空调系统，清洁的成本很高昂。

此外，飞机的机舱里的烟草味道，可能会让一些乘客引发哮喘，或者有过敏的乘客可能会因此而感受不佳。在较重的过敏情况下，他们将不得不在医疗援助下从飞机上撤离。

所以绝对不能在机舱内抽烟。

那飞机上究竟有没有吸烟区呢？

某乘务员回答："我们飞机上有两个吸烟区。想在飞机上吸烟的乘客，在我们到达巡航高度以后直接推开机尾的两个逃生门就好。"好吧，其实答案就是：NO！

还有不甘心的人说，那我去卫生间把门反锁，然后再抽烟。其实，飞机上的卫生间门没法反锁，所有的卫生间门，都可以从外面打开。还有，看到卫生间里那个禁止吸烟的标识了吗？它后面通常隐藏了一个解锁装置。

你还敢在里面偷偷抽烟吗？

○ 80 为什么婴儿在飞机上总是哭？

不知读者是否跟我一样，每当乘坐飞机时内心都会默默念叨，千万不要有婴儿坐在附近，要是哭起来，那可没完了。其实婴儿在家也常哭，只不过在飞机上似乎哭得更频繁了，这是为什么呢？

从生理上来说，婴儿的鼻窦和耳朵在他们生命的最初几个月里会很脆弱，发育还不完全，会因气压变化压迫耳膜而产生不适。

另外，重感变化也会让宝宝不舒服：当飞机起飞时，会有显著的超重感；降落时，则会有更加明显的失重感。成人尚且觉得难受，更何况小婴儿。

再者，飞机机舱内是一个密闭的狭小的空间，可却人流密集，在这么一个陌生环境下宝宝不适应也很正常。

有一则新闻说，杭州的方女士一家五口要飞去伦敦旅行。因为飞行时间需要 12 个小时，为避免 18 个月的女儿在飞机上哭闹影响其他乘客，他们制作了红包，手绘了"致歉卡"，并装入巧克力，希望得到同行乘客的谅解。

方女士的女儿小名"窝窝"，致歉卡是一组中英文对照的漫画，完全是用这个孩子的口吻来绘制和说明的。

我叫窝窝，18 个月，不怎么会说话，也听不太懂大人说话。这是我第一次飞机旅行，那两个满面愁容的是我的爸爸妈妈，那两个和蔼的老人是我的外公外婆，我们要去伦敦过我们的春节假期；我还很小，第一次坐飞机，可能会感到不适，也许我会无法控制自己，会难受得哭闹，或者兴奋得大叫。我和我的家人会尽最大努力,好好表现,不打扰到你们在长途飞行中的休息。但我可能做不好,如果打扰到你们,我和全家先在这里表达真挚的歉意,同时恳求你们的谅解和宽容。我会记得陪伴我人生第一次旅行的所有好心人,祝你们春节快乐,一生好运!

其实看到这样的卡片,就算真的在坐飞机时被吵到了,应该也会觉得很温暖、很可爱吧。

We feel so sorry and want to beg your pardon if we finally fail and cause troubles. I will keep in mind all the kind people travelling along with me during the first flight in my life. Wish you a happy Spring Festival vacation and good luck!

但我可能做不好,如果打扰到你们,我和全家先在这里表达真挚的歉意,同时恳求你们的谅解和宽容。
我会记得陪伴我人生第一次旅行的所有好心人,祝你们春节快乐,一生好运!

方女士夫妇绘制的"致歉卡"①

---

① 图片来自凤凰网资讯: https://news.ifeng.com/a/20150209/43137243_0.shtml。

○ 81 飞机上的餐饮收费吗?

过去，几乎每家航空公司都会提供餐饮服务。然而现在越来越多的航空公司开始对餐食收取费用了，尤其是短途航班。他们宣布"除商务舱外，经济舱旅客将不再享受免费餐食"，有的航空公司甚至对零食也收费。特别是廉价航空，餐食不是免费的，甚至要一条毛毯、一个靠枕也是额外收费的。但是，也有一些航空公司以出色的菜单而闻名，而且价格也不贵。所以，你在买票之前，最好先核实一下你所乘坐的航班的信息。

一般长途飞行会提供好几次正餐，其间你也可以吃到好几次零食，喝很多饮料。一般在着陆之前，也会提供餐食。越来越多的航空公司提供营养平衡、吸引人和原创的菜单。通常会有两种选择——鱼和肉。如果你是素食主义者，你可以提前告诉航空公司，在飞机上如果你有别的特殊要求，也应该尽早通知航空公司。这样做还有一个好处，就是你会比别的乘客早一点吃到餐食，因为特殊要求的餐食总是提早发放的。

飞机上的餐食

需要注意的是，从机场出发准备的食物都是当地的食品。国内某航空公司来自一个以辣闻名的省份，机上提供餐食时还会额外提供一勺辣酱，对大多数在高空没有食欲的乘客来说真是一个诱人的选项。如果是长途旅行，那么餐食可能不合你的口味。在亚洲，膳食是"亚洲的"。如果乘客来自西方国家，那么他们的味蕾可能很难适应较辣或者较咸的餐食。可是我相信不同类型的餐食也是航空旅行文化的一部分。多多体验吧，这也是一种乐趣所在。

○ 82 在飞机上购物值得推荐吗？

"啤酒饮料矿泉水，瓜子花生八宝粥，大家让一让啊，腿收一下啊……"听着这熟悉的叫卖声，我们知道这是在火车上。那飞机上一般销售什么呢？值得购买吗？

机上购物一般出现在国际航班上。在你面前的座位口袋里应该有一本购物指南，上面有对出售的物品的描述。或许在你面前的液晶显示器上也有电子购物指南，你可以轻松查看。在飞行途中，乘务员也会带着装满商品的推车经过。如果有需求，直接呼叫空乘，刷卡下单即可。一般飞机上销售的都是免税商品，也就是说，当你买这些东西的时候，你不用为这些东西交税，所以价格会相对便宜一些，并且一般质量很好。

在飞机上你能买到昂贵的品牌手表，也能买到一些有意思的便宜的小物件，甚至还能淘到那些在商店里找不到的东西。它们的价格不一定是最便宜的，但是如果你还没准备好旅行的纪念品，那么机上购物也是一种选择。

飞机上销售的较常见的物品

○ 83 为什么以前有"坐飞机一定要关闭手机"的规定？

首先，这是一条旧政策。

对于坐过飞机的人来说，肯定听过：请关闭手机等电子设备。空姐也会礼貌提醒每一位乘客：系好安全带并全程保持手机关闭。在天上飞的时候手机并没有信号，为什么必须关闭它呢？智能手机都有"飞行模式"了，切换到这个模式也不可以吗？

飞机上禁止使用手机，是美国联邦通信委员会（FCC）

在 1991 年实施的一项规定，理由是手机发射的无线电波可能会干扰地空通信。目前已经有技术方案可以解决这个问题了，而且航空公司的规定也在发生一些改变。

2017 年年底，中国国家民航总局发布了机上便携电子设备评估指南。指南中表示，各航空公司将根据自身实际情况，陆续有序开放旅客在飞机上使用手机等便携性电子设备。航班起飞前，航司务必告知旅客机上用手机的规范。手机在飞行过程中必须使用飞行模式，严禁在空中用充电宝为手机充电。

对广大中国乘客来说，这确实是一件好消息，有的航空公司甚至发起了万米高空摄影赛，但是同时也提醒乘客，机舱毕竟是公共场所，不能影响到其他旅客。

特别值得注意的是，就乘机来说，尤其是在起飞和降落滑行阶段，还是不要玩手机。不然如果机组人员在紧急情况下发出广播请你注意，你能够听见吗？

在飞机滑行阶段打电话的嘈杂场景

○ 84 乘客在飞机上想上厕所怎么办?

有新闻报道说，一趟飞美国内陆航线的航班，由于客机延误起飞半小时，一名男乘客不顾空乘人员阻止，忍不住要去机舱内的洗手间，结果机组人员以他违反规定为理由，把他逐出机舱。人们可能会发问：那我在飞机上能上卫生间吗?

如果飞机是在地面和登机口或者行驶过程中，一般都是可以使用卫生间的，除非空乘人员不允许你使用。

注意：乘客试图干扰任何机组人员履职，或未能遵守机组人员的指示时，都可能面临着被逐出机舱的风险。

当飞机在移动时，如果乘务员告知乘客无法使用厕所，主要原因是厕所没有安全带，没有安全保障；而且如果你站起来，此时飞机突然停止运行，由于惯性的力量，你可能会受伤。所以在飞机起飞、降落和其他需要旅客坐好并系好安全带的情况下（如遇到气流，飞机会颠簸时），厕所不开放使用。

如果你已经在卫生间了，而空乘人员要求你出来，那么你应该马上出来。

例如乘客在准备起飞阶段不顾阻止去卫生间，那么此事将被告知机长，他可能会返回到登机口并呼叫

保安系统，你将会被带走，并且可能会面临被起诉的
后果。

○ 85 为什么乘客登上飞机之后，滑行等待了很长时间才起
飞？

飞机启动，开始慢慢滑行、加速以获得更大升力来
起飞。但在真实的飞行过程中，有很多小插曲，比如说：
天气变化突降大雨或雷雨，飞机要等到天气转正常时，
才能收听到塔台的命令再起飞；或是跑道临时有其他飞
机起降或通过，这时塔台会让即将起飞的飞机在跑道入
口等待；这不是插曲而是起飞前必备要素；又或者，跑
道上可能飞来了一群鸟……

所以有时飞机起飞前要在滑行道与跑道处等待一会
儿，等得到塔台的批准后就可以正常起飞了，请耐心等
待一下吧。

我曾经听说过一个真实趣闻。在飞机即将起飞
前，空姐广播道："各位乘客，本班机因为××××
的原因，将会延误起飞的时间。如果你想起来活动一下，

可以到候机楼走一走……"正巧，一位失明的知名人歌手也在这班飞机上。机长走过来对这位歌手说："你需不需要起来走一走？"歌手说："谢谢你，不用了。但是你能带我的导盲犬去走一走吗？"机长很乐意帮忙。后来听说因为乘客看到机长带着深色的墨镜，而且带着导盲犬走过，阵仗十分"吓人"，到了登机的时间，大家都不敢登机了。地勤人员花了好几个小时才劝服这些乘客重新登机。

○ 86 为什么飞机在着陆前一直在空中盘旋？

2019 年 2 月 27 日，微博话题"川航从成都飞迪拜的 3U603 航班，因故返航，至少绕了 30 圈才到达成都机场"引起了人们的热烈讨论。为什么飞机不能直接着陆，要在空中盘旋那么久呢？

飞机在空中时必须不断运动，不能停止。因为飞机需要有速度才能产生升力，如果飞机在空中停止了，那么它也就飞不起来了。飞机在空中盘旋的原因无外乎以下几个原因：

（1）航空管制

飞机跑道方向是固定的，但飞机却是从四面八方接近机场的，有可能在巡航期间飞机之间的航路间隔不足，或者是两架连续落地飞机之间的间隔不足，下滑线和跑道被占用，那么待着陆飞机就要接受空中交通管制部门的指挥。

（2）天气原因

天气是最不可控的因素之一。机场上空天气不佳、能见度偏低时，飞机也会在机场上空转圈等待。

（3）空域原因

在开头的例子中，其实就是因为巴基斯坦空域临时关闭，川航无奈之下必须返航。但是燃油加上机身太重，如果径直着陆的话，会有较大的危险。由于此次航班所用的飞机没有选装放油设备，为了安全，飞机只能在空中盘旋近 6 小时消耗燃油来减重。

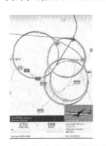

在空中盘旋的航班

（4）飞机故障

如果飞机出现机械故障，需要返航，那么绕圈可以将燃油尽可能多地消耗掉，这样就减小了飞机的重量。

因为飞机有最大着陆重量，航空燃油如果剩余过多，超过了最大着陆重量，可能会让情况更危险。

我在某年寒假里乘坐了从泰国曼谷廊曼国际机场返回上海的航班，可是飞机刚起飞没多久，机舱里的广播就开始通知说要返航。我问询了空乘之后得知，飞机的起落架没法收起来，为了安全起见，需要再回到曼谷。接着就是漫长的等待，因为飞机开始在泰国上空盘旋了，2个多小时过去了，还在泰国；3个小时过去了，飞机开始慢慢下降准备着陆了。我感觉机舱里的人都把心提到了嗓子眼儿了，坐在我旁边的爸爸已经吓得脸色惨白。万幸，由于飞机油量已经被消耗了不少，飞机总重量减轻了，最终安全着陆，降在了备降机场——素万纳普国际机场。

○ **87 当飞机不能按照既定计划着陆时，乘客该做些什么呢？**

有时由于目的地机场的条件不允许，飞机无法降落，它必须在备降机场降落。这个程序是飞行安全的重要保障之一。

对于每个航班来说，如果航班不能到达目的地，那么会将一个或多个机场指定为替代机场。空中交通管制和航空公司在飞机离开地面之前就知道这个（或这些）替代机场。而且航空条例要求飞机携带足够的燃料来完成预计的飞行，包括多准备的45分钟到1小时的备用燃料，所以有足够的燃料前往备降机场。

每次飞行都有一段时间限制，如果飞行员不能按计划继续飞行，那么在一定的时间限制后，必须立即做出改变，这样航班才可以安全地前往备降机场。

在备降机场降落对飞行员来说并不麻烦，但对乘客来说则是另一回事：他们仍然需要到达目的地。航空公司通常会尽全力帮助乘客。请记住，这是为了你的安全而做出的选择。

所以，乘坐飞机前做好充分的准备，携带好充足的随身行李很重要。你可以带一些零食、书籍或平板电脑等电子设备。这样当飞机不能按时着陆时，你也不用忍受饥肠辘辘，也有消遣方式可以打发时间。

保持冷静、乐观的态度也很重要，想一想飞机会不会延误，你能不能得到补偿，而且这也是一起不寻常的事件，跟别人分享旅行经历的时候也挺特别的呢。

2017年1月，法国天气非常冷（-5℃），我决定去欧洲一个温暖的地方。我从巴黎去葡萄牙的里斯本转机，然后前往亚速尔群岛。降落前3分钟机长告诉我们，在他前面的两架飞机无法降落。他正要试着开始一个复飞的程序。作为一个飞行教官，我曾经看到过很多方法，但是我从来没有在一架大型飞机上体验到这种突发状况，特别是在我作为乘客而不是飞行员时。

飞机继续飞行了40分钟以后，前往了另一个岛屿。跟之前差不多的情况，该机场几乎也已经停满了飞机，其中还有4架飞机需要加油去别的地方。他们至少得等一个小时才能加上油。所以，航空公司决定把我们送回葡萄牙，于是又在空中飞行了2个半小时。因为我们是那里的第5架飞机，已经没有多余的食物了，最后，乘务员只给我们每人一包花生，这是他们唯一能找到的食品。

我早上5点离开巴黎，于傍晚5点30分抵达里斯本。

我很庆幸那一次我带了一瓶水还有一些零食，让我得以平静度过这次航程。

第六章
飞机着陆后

○ 88 在飞机着陆阶段，乘客应该注意什么？

"飞机正在下降。请您回原位坐好，系好安全带，收起小桌板，将座椅靠背调整到正常位置。请你确认您的手提物品是否已妥善安放。稍后，我们将调暗客舱灯光。"随着空乘的广播提醒，飞机开始进入着陆阶段。

民航界有一种说法叫"黑色13分钟"，意思是飞机起飞时的6分钟和着陆时的7分钟是最危险的。那么在着陆阶段，乘客应该注意什么呢？

（1）系好安全带，毋庸多说，乘机的全程都应将安全带系紧。

（2）"收起小桌板，将座椅靠背调整到正常位置"，这在前面的章节已经解释过，是为了乘客可以安全弯腰进入预防姿势，以防意外。

（3）客舱灯光调暗，一是为了保证飞机的能源供给，二是为了让乘客能够先习惯飞机外的亮度。如果真的发生意外，眼睛就可以马上适应室外的光线亮度，以便乘客逃离现场。

随着一阵重重的着陆、一些小颠簸和短暂的轰鸣声，飞机慢慢地开始平稳滑行，我们就知道飞机差不多安全着陆了。看，舷窗外的风景多美！

○ 89　为什么直到机长说信号指示灯关闭以后才能起立活动？

当飞机终于着陆，开始滑行时，就有很多人着急地准备解开安全带，开始收拾行李了。且慢！只听这时广播声又传来了："女士们，先生们，飞机正在滑行，为了您和他人的安全，请不要先站起或打开行李架，等飞机完全停稳后，请您再解开安全带，整理好手提物品准备下飞机。从行李架里取出物品时，请注意安全。"

在飞机停稳之前，站立很不安全：可能会有卡车撞上它，可能有别的飞机误入这条滑行道导致紧急事故。如果你解开安全带起身可能会造成更严重的后果。因此，你必须等到安全带标志关闭后才能起立。这些是规则，需要我们共同遵守。

　　如果你起身得更早，并不意味着你会下飞机下得更早。如果违反了规定，你有可能听到这样的播报："各位女士、各位先生，请你留在座位上直到班机完全停好、机长将安全带的指示灯关掉。我们不希望你比本班机还要早抵达停机坪。"可见，这家航空公司的工作人员不仅专业，还幽默。

　　在即将到达目的地的客机上，旅客们往往会在飞机停稳之前离开座位站立起来，这很容易破坏平衡，给飞机的安全着陆带来危险。

　　有一个笑话说，一位空中小姐曾巧妙地避免了上述情况的发生，她通过播音器向旅客们说："女士们，先生们，在客机到达目的地之前，我们需要进行一次清洁工作。如有哪位旅客志愿协助我们，请在到达机场之前站立起来。"在飞机到达机场停稳及安全信号灯熄灭之前，一个离开座位的旅客也没有。

○ 90　完整的航班到达流程是怎样的?

　　飞机停稳后，乘客收拾好随身行李下飞机是不是就代表行程结束了呢? 其实不然，我们还有航班到达的流程要走。航班到达也分国内到达和国际到达。具体流程可看下表。

航班到达的流程

	国内航班	国际航班
（1）检　　疫		√
（2）入境审查		√
（3）领取行李	√	√
（4）海关检查		√
（5）到达大厅	√	√
（6）交通广场	√	√

（1）有的国际航班上会派发健康问卷，拿到之后将必填项填写完整，并提交到检疫服务台即可。如果出现腹泻、发烧或其他病症，请尽快前往健康咨询室，接受检查和治疗。

（2）入境审查需前往境外旅客审查区，同时将护照交给工作人员检查。之后，请使用专用仪器提供指纹和面部照片，并接受入境审查官的询查。如果是境内居民入境，则走公民通道如海关即可，现在很多国际机场提供护照检验自助服务。注意：入境处一般严禁拍照。

（3）行李领取处有多条传送带，为便于查找，均标有航班号，请根据行李托运卡上的号码取回您的行李。

（4）物品总值未超过免税限额的旅客，请排在绿色指示灯一列。物品总值超过免税限额，或不确定是否超过免税限额的旅客，请排在红色指示灯一列。

（5）领取行李后将进入到达大厅，可在此与亲友会面或使用机场的其他服务设施。

（6）准备离开机场的旅客可前往交通广场搭乘各种交通工具。

国内航班到达的流程基本一样，国际航班根据各国规定也大同小异，无非是纸质入境卡的填写和电子录入的差别，还需再次确认以保证万无一失。

根据航班号查看行李转盘

○ 91 在机场丢了行李怎么办？

关于丢失行李的话题，屡见不鲜。即使你准备得再万无一失，行李还是可能会丢失，而丢失的原因不外乎下面几种：运输管理局有时会随机对行李进行检查，如果你被抽中，就有可能因为时间过长，导致你的行李没有被装上飞机；行李房内经常会雇用临时工过来帮忙，然后他们失误把行李装错了飞机；行李托运之后，由于工作人员太忙，没有及时处理行李而没运上飞机；行李被别人无意拿错或者有意拿走了。

如果确认行李确实丢了，你应该前往行李服务柜台寻求帮助。一般是所乘坐航空公司所在机场的行李服务柜台。工作人员会根据你托运行李时的回执来查询行李的下落，所以之前在托运行李时一定要保管好这个回执。之后你会拿到一个"延误行李等级编号"，使用该编号可以在航空公司官网上查到行李的目前状态。如果确定了行李所在地并且短时间内行李就可以被运送到，那么可在机场等待一会儿；如果需要较长时间才能找到行李，那么留下联系方式后可以先行离开。最后，要是行李找不到的话，可以申请赔偿。

所以为了预防行李丢失，可以在自己的行李上做醒目的标记并挂上行李牌。如果长途飞机需要中转，要问清楚行李需不需要中转，需不需要自己去办理相关手续，并留出充裕时间去中转。再有，尽量早点托运行李，因为行李在关闭机舱门之后才运到，是搭不上飞机的。最后，如果行李比较贵重，也可以考虑给行李买份保险。

我有一次坐国际航班到达后取行李时，发现并没有我的行李，告知航空公司客服中心后，得知我的行李未被装上飞机。工作人员在登记完我的相关信息后，告诉我一天以后会免费把行李寄送到我的所在地。果然，第二天我就收到了行李。所幸的是我在出行前还买了行李延误险，得到了一笔不菲的赔偿金。

延误行李的运送行李牌

在美国亚拉巴马州，有一个商场叫作"无人认领行李中心"，顾名思义，就是无人认领的行李里面的物品会被取出来，但不是仅仅作为展览的，里面的物品还能被销售或者拍卖呢。

○ 92 如何取行李?

首先，我们在办理托运行李的时候，经过以下几个步骤：办理行李托运——行李运送至机场——行李分拣与存储——运送至飞机。

那到达取行李只是一个逆向的过程。把行李单独提取出来的流程则是：

下飞机以后，走到对应号码的转盘，行李也会在行李系统的工作下经由分拣机运送到对应的转盘上，你只需耐心等待，取回自己的行李就好。如果行李太多，可以租借机场的行李车，有的地方行李车是免费的，有些则是收费的，应问询清楚。

另外，行李车是供装载行李用的，成年人最好别坐在行李车上，这也是乘机礼仪。

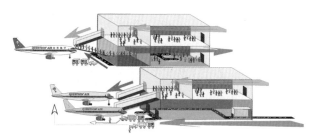

飞机着陆后在分拣行李

○ 93 深夜到达机场，该怎么去往市中心呢？

　　一般只要有航班，就会有大巴车，不用太担心。如果实在是在机场耽误时间久了没有大巴，地铁也停运了，可以考虑打车、叫车、在机场附近的酒店入住一晚或者在机场里边坐一晚。

　　如果是入住该地的酒店，酒店可能会提供接驳服务。如果是比较远的廉价旅馆，可能需要另想他法。

　　如果深夜到达机场的话，找到通勤工具应该不是太难，但是需要提醒你的是，夜间的出租车费用非常昂贵。正如我在廉价机票中提到的那样，如果你在飞机票上省下的费用被用来付地面上的交通费，那可就不值了。

第七章
与飞行有关的工作

◯ 94 一架飞机顺利起飞需要哪些工作人员？

　　假设机场只有一个航班在运行，这是所需的最少的人员清单。

　　总体来说，可以分为：

　　·机上人员

　　机长、副驾驶、乘务员。

　　·地勤人员

　　地勤人员的种类太复杂了，他们通常来自市场部、数据室、运行指挥中心、气象部、调度、财务部、人事部、投诉部等。详细地分，可以从生产飞机和乘飞机的流程说起：

　　（1）飞机设计阶段

　　航空专家、飞机设计工程师、专门从事金属加工的技术人员、专门从事发电厂和机身电子技师的机械师、轮胎制造商、螺旋桨制造商、刹车制造商、飞机销售专家、试飞员……

（2）乘飞机阶段

票务代理；值机人员替你准备好登机牌和托运行李；安检人员保证你没有违规携带有安全隐患的随身行李；行李代理人将行李带上行李车和飞机；司机把行李车从码头开到飞机处；乘务员；飞行员；调度员为飞行员准备航班信息（天气预报、航路信息）；地面指导在地面上引导飞行员；空中交通管制员，一些空中交通管制员在整个飞行期间跟随飞机；天气预报员，消防员；负责管理燃油和加油的人员；机场主管；秘书；会计师。

飞机的清洁人员、厨师（准备机上餐食）、跑道和停车场的维护代理，电工和电子专家为机场维修照明系统和设备。

此外，还有航空条例专家、专门从事商业航空的技术人员、海关官员、入境事务主任、警务人员、安全代理、爆炸专家、犬队、医护人员……

如果没有旅行社和业务商，商业航空就无法维持下去。

最后，如果没有旅客，航空业就不会存在了。

○ 95 为什么驾驶室里有两名飞行员?

当你的航班结束，提好行李准备下飞机时，经过驾驶舱门口时不妨往里面看一眼，你会发现不像一般的公共交通，驾驶舱里竟然坐了两个人。为什么有两个人？他们都驾驶飞机吗？

我国民航管理条例规定：一般至少需要两名驾驶员才能操纵涡轮动力运输飞机。在执行飞行任务期间，副驾驶应协助机长实施安全飞行，并在特殊情况下作为机长的替补，比如机长突发疾病、受伤、失能等情况，副驾驶要接替机长的工作，尽快寻找合适的备降场安全落地。

为了保证安全，航班上配备了两名飞行员，为了在发生意外时能相互配合，连他们进餐的食物都不能一样。按照民航有关规定，机长和副驾驶执行飞行任务前和飞行中必须"同餐不同食"。饮食这么苛刻，就是要保证飞行安全万无一失，不能两个人同时因为饮食出问题。如果在航行中，两人同时因食物中毒而倒下，就没有人驾驶飞机了。

所以现代飞机的机组一般都用两人制机组，左边驾驶座是机长，右边是副驾驶。两名飞行员都经过高强度的训练并具备高素质，但是现在有一些呼声说人工智能代替人进行工作的情况已经出现在很多领域里，在飞行领域里，人工智能也可以代替副驾驶的工作。但是人工智能也受远程控制，受制于无线设备的传输可靠性。试想，在紧急情况下，在几千米的高空，你会信任飞行员还是人工智能？

○ 96 机长的职责有哪些？

机长都是经验丰富的飞行员，在执飞过程中拥有最高指挥权和领导权威。飞机操作和应急处置等工作，机长都要一丝不苟地做完。在工作中，所有机长都会谨记一句话："飞行无小事。"

一架飞机的机长有很多责任：

他是当班飞机的负责人，对当班飞行活动负责。他必须选择最佳路线和相关设置，所以你才能以最便宜的方式，按时地乘坐飞机；他必须确保遵循航空公司的标准，保证给你提供舒适的服务；他必须"循规蹈矩"，遵守各国的规章制度和程序；他必须时刻准备好面对任何紧急情况……

最重要的是，他必须做出正确的决定，在任何时间、任何情况下都保持冷静。

　　无论是世界上哪个航空公司，机长在其职权范围内发布的命令，机上所有人，包括空乘和乘客，都必须执行。换句话说，机长就是空中的国王，遇到特殊情况，机长怎么处置你都不为过，开些罚单都是小意思，赶你下飞机，也是正常的。

　　现代社会也出现了一些关于给予机长机上最高权力的质疑，因为机长滥用职权的新闻开始出现在大众视野：某机长在巡航阶段让妻子进驾驶舱；副驾驶故意撞机造成空难……

　　在航空界有一个关于安全飞行的法则——海恩法则，即每一起严重事故的背后，必然有29次轻微事故、300起事故未遂先兆以及1000起事故隐患。海恩法则强调两点：一是事故的发生是量的积累的结果；二是再好的技术、再完美的规章，在实际操作层面，也无法取代人自身的素质和责任心。

　　虽然权力相同，但是人的素质不同。比如前面提到的萨利机长，还有我们的"英雄机长"刘传健，他驾驶着飞机在9800米的高空时，飞机的挡风玻璃突然破裂脱落，在气流吹袭和大量仪表被破坏的情况下，他沉着果断处置险情，靠毅力掌握操纵杆，最终成功备降，确保了机上128名机组人员和乘客的生命安全。

　　这些"奇迹迫降"，机长除了要有过硬的驾驶技

术以外，还要有超强的责任心，履行职责，保障机上
所有人的安全。

- -

○ 97　飞行员的工作有意思吗?

回答这个问题之前，请先回答一个脑筋急转弯:

为什么小明每天上班都坐飞机?

答案: 小明是飞行员!

我小时候在学校读书的时候，总是透过窗户往
外寻找着什么，老师恼怒地问我: "克礼，你真的认为
有人会付钱给你，就是让你往窗外看?" 可是看看，我
现在在哪里? 正坐在飞机的驾驶舱里。

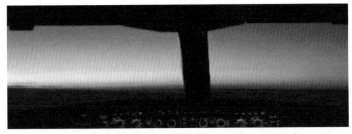

克礼在驾驶舱拍摄的大西洋一万米上空的日出

在驾驶舱内 30 多年的时间里，我仍然惊叹于眼前

的风、云、日落或日出时的地平线，黄昏的城市，积雪覆盖的山峦，还有飞机在我面前留下的美丽的痕迹。

所以，飞行员的工作有趣吗？和任何职业一样，飞行员的工作有些方面是非常有趣的。

（1）社会层面

第一，这也是人们会被这份工作吸引的原因——飞行员的制服很有魅力。

第二，人们常常认为飞行员是非常负责任的、能干的及聪明的。

第三，作为一名雇员，飞行员的薪水常常比大多数的工作都要高。除了基本工资之外，还有一些奖金。尽管如今待遇不像以前那么好了，但收入仍然是很可观的。

（2）个人层面

第一，成为一名飞行员并不适合所有人：你必须在你所做的每件事上都出类拔萃。成为一名飞行员是对你能力的"官方认可"。

第二，飞行员的生活很有趣：你可以驾驶很棒的飞机；你可以参观很多地方；几乎全球的航空公司都会为在航空业工作的人提供一些折扣；你将会遇到非常有趣的乘客；你可以每天享受飞行之美。

第三，你的薪水会让你生活在一个相对舒适的环境中。

第四，你会有很多"空闲时间"来享受生活。

现在我们来说说缺点：

第一，训练。获取知识是必需的。就像任何高水平的职业活动一样，要达到这个目标需要好几年的时间。

除非你是空军飞行员，否则这些训练将是一笔很大的开销。2017年，飞行员培训的成本估计在100万到140万元之间，这还只是为了获取航空证书进行的培训。然而，拿到证书并不能保证马上就能得到一份工作。没有飞行经验，找工作将会很困难。

第二，健康。你的整个职业生涯每6个月就要接受一次体检。如果你运气不太好，没通过体检，你的职业生涯就会立即结束。

我的一个好友是一名很出色的飞行员，在家伐木时没戴护目镜，一小块木头刺破了他的右眼。失去右眼视力的他因此丢了工作。

第三，重复训练。每6个月，飞行员就必须经历一次重新训练。

第四，疲劳。由于不断变化的物理压力、时区和承担各种各样职责所承受的心理压力，飞行员会容易疲劳，所以有的飞行员年纪轻轻头发就白了。

第五，家庭生活受到影响。规章制度会强制飞行员在抵达的机场休息，在回程航班上，也可能会被指派到另一个目的地。所以你可能会像"大禹"一样，三过家门而不能入，你的孩子可能对此抱怨连连。

飞行员的工作还是很吸引人，对吗？如果你认为你适合这个职业，那就去行动吧。

女性可不可以成为飞行员呢？当然没有问题。很多女性都是大型航空公司的机长。在旧时代，机长需要强壮的体格和较大的体力来在恶劣的天气里驾驶，有时需要两名"重量级"飞行员来与飞机"作战"。现在，情况不再是这样了。

当我成为一名飞行员后，曾被指派到当地的一家航空公司驾驶飞机，我没法想象自己日复一日地去同一个机场做着重复的事情，于是我选择了教书——我创建了自己的飞行学校。看着我以前教过的"孩子们"现在都成了优秀的飞行员，我很欣慰。然而当我回顾自己的选择时，我还是觉得自己犯了一个错误：如果我当时接受了飞行员的工作，我现在可能就在驾驶空客320——世界上最常用的飞机之一，那将是一个非常了不起的个人成就。然而我不能了，因为我没有积累到作为一名飞行员需要的1500小时飞行时间。所以我的建议是：

先成为一名飞行员，然后再成为一名飞行教官。

○ 98　如何才能成为飞行员？

一般来说，成为飞行员需要遵守一定的程序。尽管世界各地的法规越来越标准化，但根据所在的国家不同，规则也会略有差异。

国际上，参加航空俱乐部或私人飞行学校是一种很好但缓慢的方式。飞行学校遍布世界各地，有些航空公司也有自己的培训计划。

在中国，正规的民航飞行员是由高中应届毕业生考大学，选飞行专业，进入航空公司，这是主要的渠道。如果通过民航局认可的培训机构，取得相关执照后达到通用航空500小时以上的飞行时间，也可以进入航空公司。

预测显示，未来15年全球将需要50万名飞行员，其中中国需要24万名。

如果你对当飞行员感兴趣的话，现在是时候开始准备了。

你可以在网上找一找附近的飞行培训学校，了解更多的信息，但是你一定要注意以下几门学科的学习。

（1）英语。它已成为航空培训的官方语言，你需要掌握它。在大多数国家，英语考试不及格将无法获得航空公司的工作。

（2）数学和物理。这些知识会为你以后深入学习打好基础。

最后，最重要的是，一定要保护好身体，尤其是眼睛。身体不好，过不了体检，别的都没有用。

正在开飞机的飞行员

○ 99 空乘人员的工作怎么样?

一般说到空乘人员就会说到空姐，说到空姐就会想到"高挑""美丽""端庄"这些词。但是也有一些对空姐的刻板印象。

有一位著名脱口秀主持人说到有一次从国外回来，乘坐的是国内航空公司的飞机。空姐推着饮料车问询："Would you like something to drink，coffee，tea or Coca-cola？"（你要喝什么？咖啡、茶还是可乐？）当时觉得不错，彬彬有礼的，英语也很好。客人道完谢了，空姐走到她这边，翻着白眼、爱理不理地用中文说："喝什么？"她瞬间意识到刚才那位乘客是外国人，空姐一见同胞就换了一副面孔，凶巴巴地问"喝什么"。于是她装作听不懂的样子："Sorry I don't understand."（"对不起，我听不懂。"）说了两遍以后，空姐改用英语柔声问："Would you like something to drink，coffee，tea or Coca-cola？"该主持人瞄了她一眼，没好气地用中文说："橙汁！"

虽然这只是一个脱口秀节目的内容，真实性有待考察，但是也表明了一些人对空乘的看法。

空乘指的是航空飞机上为旅客服务的人员，也叫作"航空乘务员"。空乘有男乘务员和女乘务员，空乘人员的角色非常重要。他们是航空公司的代表，是航空公司和乘客的直接联系人。

他们在航班开始前就要开始准备，并确认舱内的安全设备是否到位，是否正常；他们提供各种机内服务，如发放飞机餐和饮料的准备及供应、机上娱乐系统的管理、机内的清洁工作……这是一项令人厌倦的工作，但也是航空领域最伟大的工作之一。

最重要的是，他们在医疗和紧急情况方面受过良好的训练，就像我们在重大事故中看到的那样，紧急时刻，他们会帮助乘客度过危机，他们是有奉献精神的人。

他们不仅形象好、气质佳，而且大多十分敬业，值得尊敬。

我曾经在一次航班上跟一位空乘交谈过，问询他们的工作情况及对工作的满意度。他说这份工作除了看起来体面以外，还可以在世界各地免费旅游，只是太辛苦了，特别是倒时差——不同地区的时差、早班晚班的时差，但是总体令人满意。

○ 100 怎么样才能进入航空业工作？

航空业要求很高，但工作体验和福利待遇总体令人满意。如果你觉得这对你来说是一个机会，那就看看航空运营所需的工作种类，然后选择你喜欢的职位。

有些职位需要较高学历，比如工程师或飞行员，有的对教育程度没有那么严格。如果你感兴趣，可以多听一听专业人士的建议，浏览有关航空公司的网站，或者跟在这个领域工作的人交谈，向他们征求意见等。

就拿空乘的职业来说，许多学校专门训练空乘人员。最初的训练差不多要持续 6 个月。在你开始训练之前，他们会给你详细的信息。你需要至少会说两种语言，其中一种是英语。你需要保持良好的身体状况：把人从水里救出来将是你训练的一部分，这需要很多体力。

另外，随着时代发展，还有一些新兴行业，比如说航空分析师，在飞机出厂后，可成为第一批乘客之一，在交付飞机的途中，先于其他人体验与乘机相关的服务，客舱座位随便坐、享用空姐送来的香槟、到空乘休息区一探究竟、进入有些飞机的驾驶舱……然后通过社交媒体发布第一手乘机报告和指南。

航空业很迷人，我们相信你会发现一些自己喜欢做的事情。

参考文献

[1] 李永平 . 坐飞机的学问 [M]. 北京：国防工业出版社，2014.

[2] 靳东新 . 享受飞行——民航乘客必备知识手册 [M]. 北京：中国民航出版社，2007.

[3][日] 秋本俊二 . 不可忽视的航空旅行知识 [M]. 尹兄，译 . 广州：南方日报出版社，2012.

[4] 管德 . 坐飞机去——现代民用运输航空 [M]. 北京：清华大学出版社，2000.

图书在版编目（CIP）数据

奇妙飞行 100 问 /（法）冯克礼（Christian Fardel）
著；曾海云著 . — 杭州：浙江大学出版社，2019.11
ISBN 978-7-308-19415-0

Ⅰ.① 奇 … Ⅱ.① 冯 … ② 曾 … Ⅲ.① 航空运输－普
及读物 Ⅳ.①V2-49

中国版本图书馆 CIP 数据核字（2019）第 163069 号

奇妙飞行 100 问
［法］冯克礼（Christian Fardel）　　曾海云　著

责任编辑　杨　茜
责任校对　杨利军　夏斯斯
封面设计　周　灵
出版发行　浙江大学出版社
　　　　　（杭州市天目山路 148 号　邮政编码 310007）
　　　　　（网址：http://www.zjupress.com）
排　　版　杭州中大图文设计有限公司
印　　刷　杭州钱江彩色印务有限公司
开　　本　880mm×1230mm　1/32
印　　张　7.625
字　　数　164 千
版 印 次　2019 年 11 月第 1 版　2019 年 11 月第 1 次印刷
书　　号　ISBN 978-7-308-19415-0
定　　价　36.00 元
